아이스크림 더 실전

차례

왜, 더 실전 일까요?

AI 데이터로 구성한 교재입니다.

『**더 실전**』은 누적 체험자 수 130만 명의 선택을 받은
아이스크림 홈런의 **학습 데이터를 기반**으로 만들었습니다.
AI가 추천한 문제들을 난이도별로 배열한 **단원 평가를 총 4회 구성**하여
실전 시험에 충분히 대비할 수 있도록 하였습니다.
또한 AI를 활용하여 정답률 낮은 문제를 선별하였으며 **'틀린 유형 다시 보기'**를 통해
정답률 낮은 문제를 이해하는 기초를 제공하고 반복하여 복습할 수 있도록 하여
빈틈없이 **실전을 준비**할 수 있도록 하였습니다.

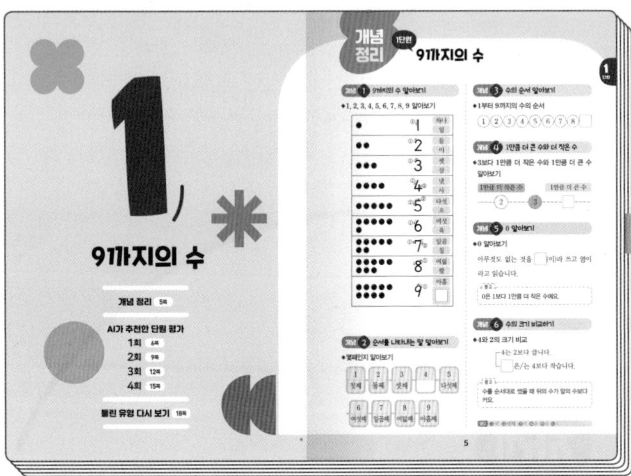

개념을 먼저 정리해요.

단원 평가 1회 ~ 4회로 실전 감각을 길러요.

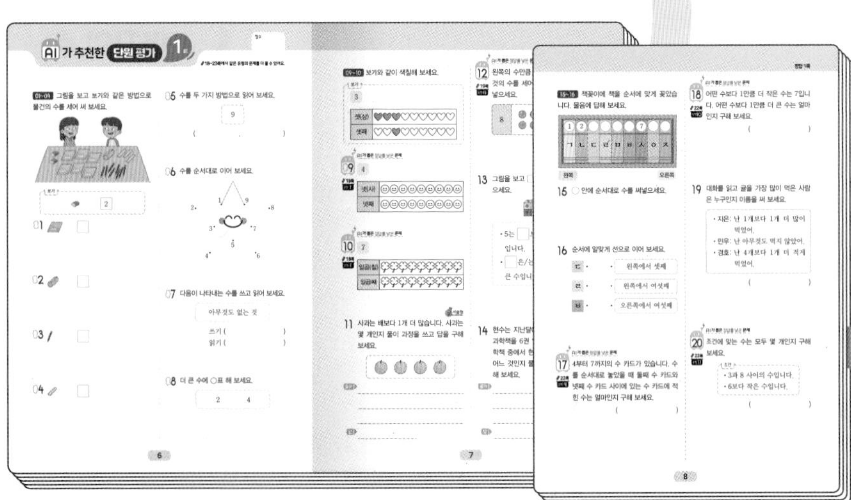

더 실전은 아래와 같은 상황에
더 필요하고 유용한 교재입니다.

- ☑ 내 실력을 알고 싶을 때
- ☑ 단원 평가에 대비할 때
- ☑ 학기를 마무리하는 시험에 대비할 때
- ☑ 시험에서 자주 틀리는 문제를 대비하고 싶을 때

『더 실전』이 적합합니다.

틀린 유형 다시 보기로
집중 학습을 해요.

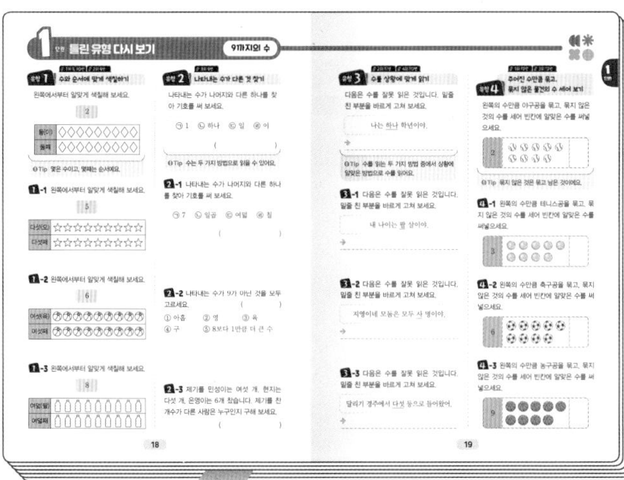

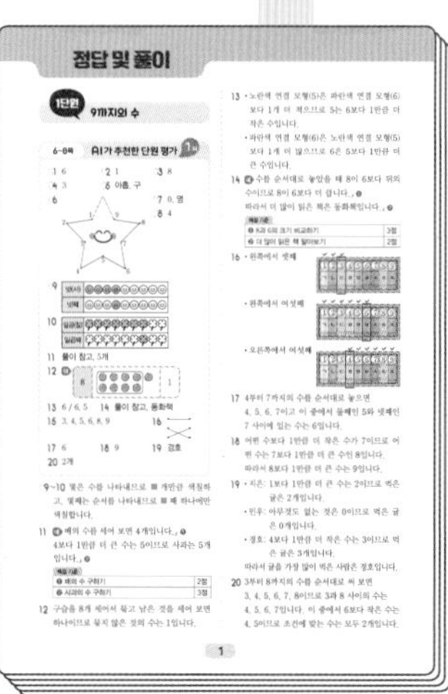

정답 및 풀이로
확인하고 점검해요.

1. 9까지의 수

개념 정리

1단원

9까지의 수

개념 1 9까지의 수 알아보기

◆**1, 2, 3, 4, 5, 6, 7, 8, 9** 알아보기

수	읽기
1	하나, 일
2	둘, 이
3	셋, 삼
4	넷, 사
5	다섯, 오
6	여섯, 육
7	일곱, 칠
8	여덟, 팔
9	아홉, □

개념 2 순서를 나타내는 말 알아보기

◆몇째인지 알아보기

1	2	3	4	5	6	7	8	9
첫째	둘째	셋째	□	다섯째	여섯째	일곱째	여덟째	아홉째

개념 3 수의 순서 알아보기

◆**1**부터 **9**까지의 수의 순서

개념 4 1만큼 더 큰 수와 더 작은 수

◆**3**보다 **1**만큼 더 작은 수와 **1**만큼 더 큰 수 알아보기

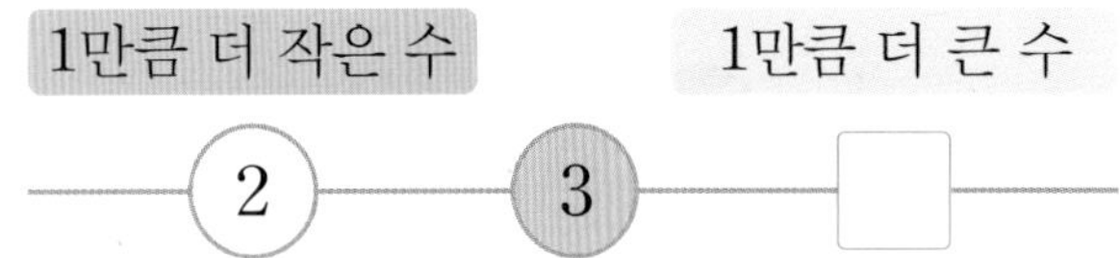

개념 5 0 알아보기

◆**0** 알아보기

아무것도 없는 것을 □(이)라 쓰고 영이라고 읽습니다.

참고
0은 1보다 1만큼 더 작은 수예요.

개념 6 수의 크기 비교하기

◆**4**와 **2**의 크기 비교

4는 2보다 큽니다.
□은/는 4보다 작습니다.

참고
수를 순서대로 썼을 때 뒤의 수가 앞의 수보다 커요.

정답 ❶구 ❷넷째 ❸9 ❹4 ❺0 ❻2

18~23쪽에서 같은 유형의 문제를 더 풀 수 있어요.

01~04 그림을 보고 보기와 같은 방법으로 물건의 수를 세어 써 보세요.

보기

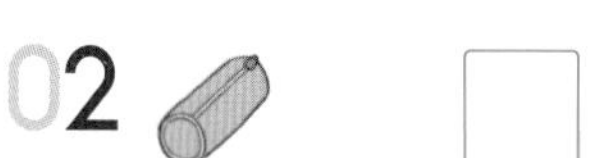

01 □

02 □

03 □

04 □

05 수를 두 가지 방법으로 읽어 보세요.

9

(,)

06 수를 순서대로 이어 보세요.

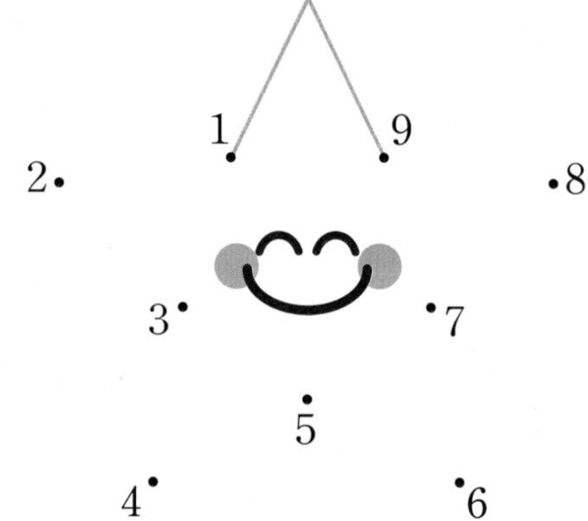

07 다음이 나타내는 수를 쓰고 읽어 보세요.

아무것도 없는 것

쓰기 ( )

읽기 ( )

08 더 큰 수에 ○표 해 보세요.

2 4

09~10 **보기**와 같이 색칠해 보세요.

AI가 뽑은 정답률 낮은 문제

09 4

18쪽 유형 1

넷(사)	
넷째	

AI가 뽑은 정답률 낮은 문제

10 7

18쪽 유형 1

일곱(칠)	
일곱째	

서술형

11 사과는 배보다 1개 더 많습니다. 사과는 몇 개인지 풀이 과정을 쓰고 답을 구해 보세요.

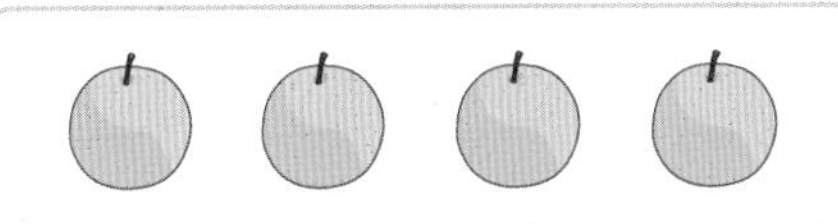

풀이

답

AI가 뽑은 정답률 낮은 문제

12 왼쪽의 수만큼 구슬을 묶고, 묶지 않은 것의 수를 세어 빈칸에 알맞은 수를 써넣으세요.

19쪽 유형 4

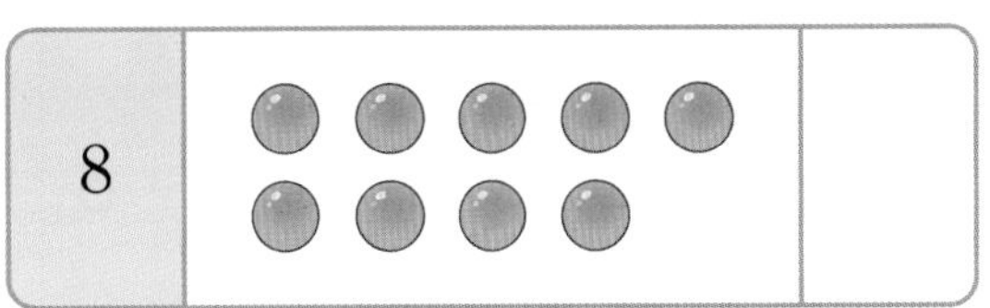

13 그림을 보고 □ 안에 알맞은 수를 써넣으세요.

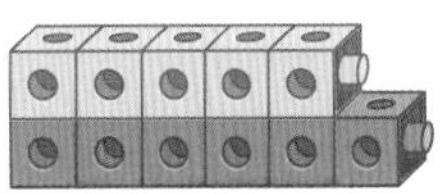

- 5는 □보다 1만큼 더 작은 수입니다.
- □은/는 □보다 1만큼 더 큰 수입니다.

서술형

14 현수는 지난달에 동화책을 8권 읽었고, 과학책을 6권 읽었습니다. 동화책과 과학책 중에서 현수가 더 많이 읽은 책은 어느 것인지 풀이 과정을 쓰고 답을 구해 보세요.

풀이

답

15~16 책꽂이에 책을 순서에 맞게 꽂았습니다. 물음에 답해 보세요.

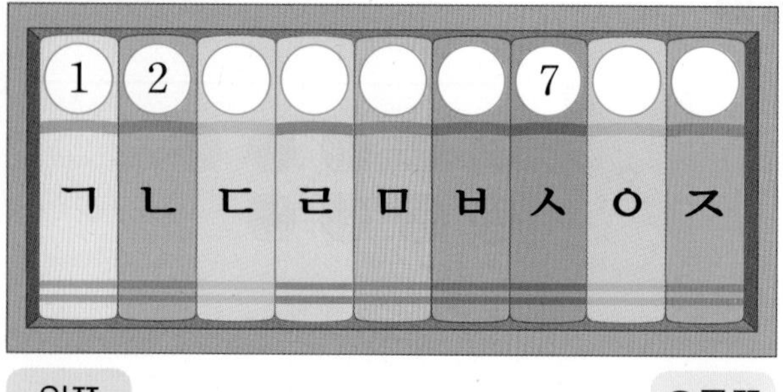

15 ◯ 안에 순서대로 수를 써넣으세요.

16 순서에 알맞게 선으로 이어 보세요.

ㄷ •		• 왼쪽에서 셋째
ㄹ •		• 왼쪽에서 여섯째
ㅂ •		• 오른쪽에서 여섯째

AI가 뽑은 정답률 낮은 문제

17 4부터 7까지의 수 카드가 있습니다. 수를 순서대로 놓았을 때 둘째 수 카드와 넷째 수 카드 사이에 있는 수 카드에 적힌 수는 얼마인지 구해 보세요.

22쪽 유형 9

(　　　　　　　)

AI가 뽑은 정답률 낮은 문제

18 어떤 수보다 1만큼 더 작은 수는 7입니다. 어떤 수보다 1만큼 더 큰 수는 얼마인지 구해 보세요.

22쪽 유형10

(　　　　　　　)

19 대화를 읽고 귤을 가장 많이 먹은 사람은 누구인지 이름을 써 보세요.

- 지은: 난 1개보다 1개 더 많이 먹었어.
- 민우: 난 아무것도 먹지 않았어.
- 경호: 난 4개보다 1개 더 적게 먹었어.

(　　　　　　　)

AI가 뽑은 정답률 낮은 문제

20 조건에 맞는 수는 모두 몇 개인지 구해 보세요.

23쪽 유형11

조건
- 3과 8 사이의 수입니다.
- 6보다 작은 수입니다.

(　　　　　　　)

점수

18~23쪽에서 같은 유형의 문제를 더 풀 수 있어요.

01~03 단체 줄넘기에 참여한 학생을 보고 물음에 답해 보세요.

01 줄을 잡고 줄넘기를 돌리는 학생을 세어 수를 써 보세요.

(   )

02 줄넘기를 뛰어 넘는 학생을 세어 수를 써 보세요.

(   )

03 단체 줄넘기에 참여한 전체 학생을 세어 수를 써 보세요.

(   )

04 알맞게 선으로 이어 보세요.

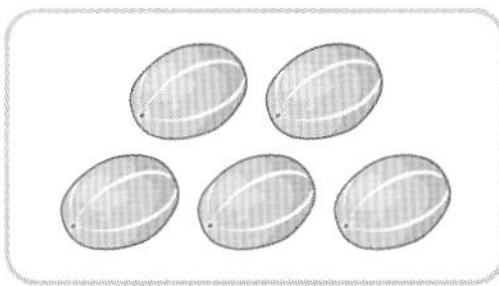 

5   6   7

05 수를 쓰고 두 가지 방법으로 읽어 보세요.

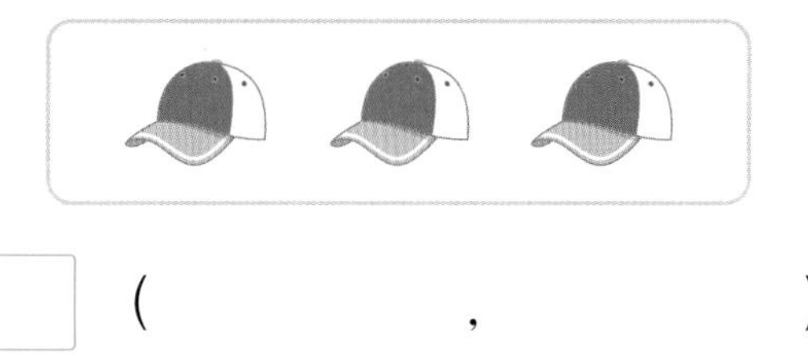

☐ (,   )

06~07 보기와 같이 연두색으로 색칠한 수보다 1만큼 더 작은 수는 빨간색으로 색칠하고, 1만큼 더 큰 수는 파란색으로 색칠해 보세요.

보기

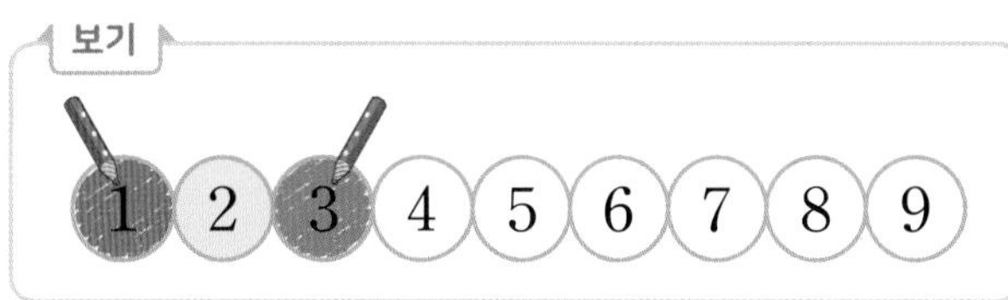

06 1 2 3 4 5 6 7 8 9

07 1 2 3 4 5 6 7 8 9

08 펼친 손가락의 수를 세어 ☐ 안에 알맞은 수를 써넣으세요.

  ☐

AI가 뽑은 정답률 낮은 문제

09 왼쪽에서부터 알맞게 색칠해 보세요.

18쪽 유형 1

9

아홉(구)	🍬🍬🍬🍬🍬🍬🍬🍬🍬
아홉째	🍬🍬🍬🍬🍬🍬🍬🍬🍬

10 오른쪽 접시에 놓인 사과의 수보다 1만큼 더 작은 수를 쓰고 읽어 보세요.

쓰기 (　　　　　　　　)

읽기 (　　　　　　　　)

AI가 뽑은 정답률 낮은 문제 서술형

11 다음은 수를 잘못 읽은 것입니다. 잘못 읽은 이유를 설명하고, 바르게 고쳐 보세요.

19쪽 유형 3

나는 이번 주에 책을 일 권 읽었어.

답

12 알맞게 선으로 이어 보세요.

위에서 첫째 •

아래에서 둘째 •

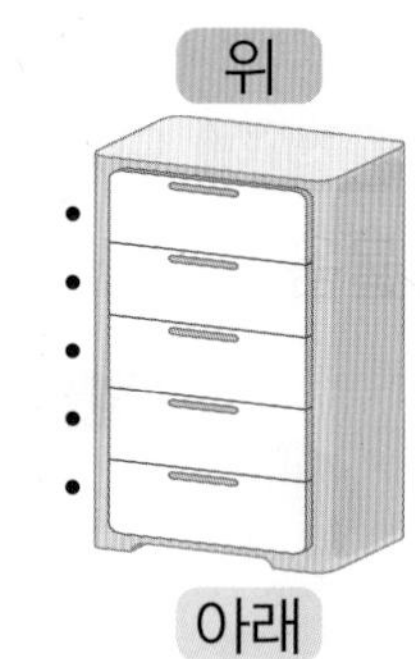

AI가 뽑은 정답률 낮은 문제

13 0을 사용하여 이야기를 만들어 보세요.

20쪽 유형 5

서술형

14 책꽂이에 꽂힌 책의 순서를 모두 말해 보세요.

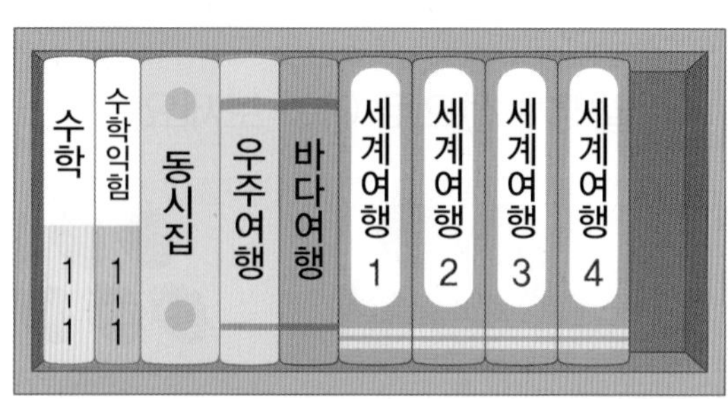

답 왼쪽에서 첫째에 수학 1－1, 둘째에

15 보기와 같이 가운데에 있는 수보다 작은 수는 빨간색, 큰 수는 파란색으로 칠해 보세요.

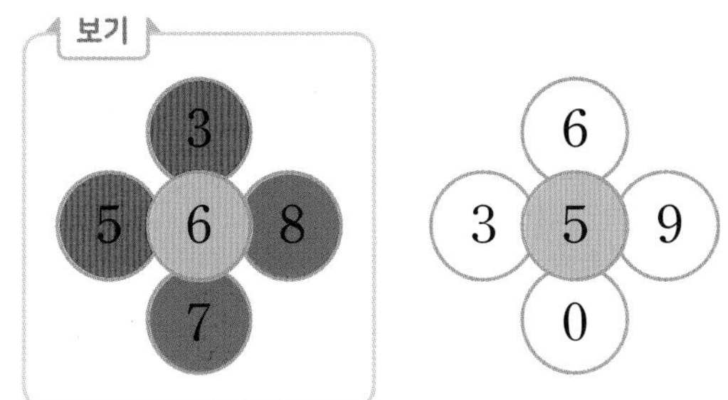

16 대관람차에 방이 1호부터 순서대로 달려 있습니다. 기은이가 탄 방은 보라색입니다. 기은이가 탄 방은 몇 호인지 구해 보세요.

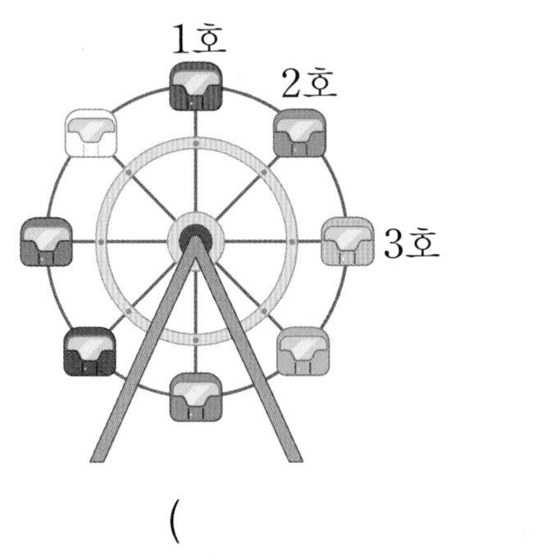

(   )

AI가 뽑은 정답률 낮은 문제

17 2부터 8까지의 수 카드가 있습니다. 수를 순서대로 놓았을 때 셋째 수 카드와 다섯째 수 카드 사이에 있는 수 카드에 적힌 수는 얼마인지 구해 보세요.

22쪽 유형 9

(   )

18 1부터 9까지의 수 중에서 □ 안에 들어갈 수 있는 수는 모두 몇 개인지 구해 보세요.

4는 □보다 큽니다.

(   )

19 ㉠, ㉡, ㉢이 나타내는 수가 큰 것부터 차례대로 기호를 써 보세요.

- 7은 ㉠보다 1만큼 더 큰 수입니다.
- 9는 8보다 ㉡만큼 더 큰 수입니다.
- 8은 ㉢보다 1만큼 더 작은 수입니다.

(   )

AI가 뽑은 정답률 낮은 문제

20 검은색 바둑돌 몇 개를 한 줄로 길게 늘어놓았습니다. 검은색 바둑돌 사이에 흰색 바둑돌 1개를 놓았더니 왼쪽에서 셋째, 오른쪽에서 넷째였습니다. 늘어놓은 바둑돌은 모두 몇 개인지 구해 보세요.

23쪽 유형12

(   )

01 자동차의 수를 세어 알맞은 수에 ○표 해 보세요.

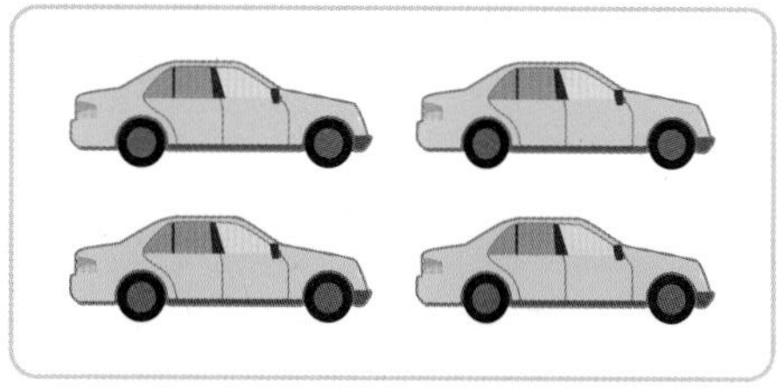

(1 , 2 , 3 , 4 , 5)

02 왼쪽에서 다섯째에 색칠해 보세요.

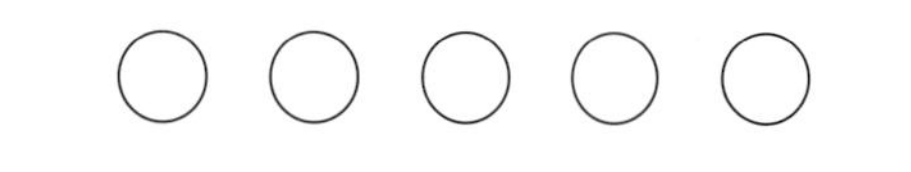

03~04 수만큼 색칠해 보세요.

03

04

05 수를 두 가지 방법으로 읽어 보세요.

(,)

06 수를 순서대로 이어 보세요.

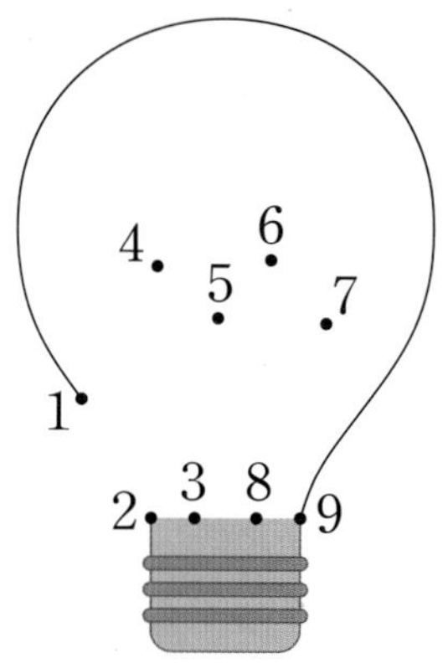

07 장미의 수를 세어 □ 안에 알맞은 수를 써넣으세요.

08 더 작은 수에 △표 해 보세요.

5 9

AI가 뽑은 정답률 낮은 문제

09 나타내는 수가 나머지와 다른 하나를 찾아 기호를 써 보세요.

18쪽 유형 2

㉠ 8　㉡ 팔　㉢ 여섯　㉣ 여덟

(　　　　　　　　)

10 순서에 알맞게 선으로 이어 보세요.

3　9　1　5

첫째

11 사탕을 2개 가지고 있는 사람은 누구인지 풀이 과정을 쓰고 답을 구해 보세요.

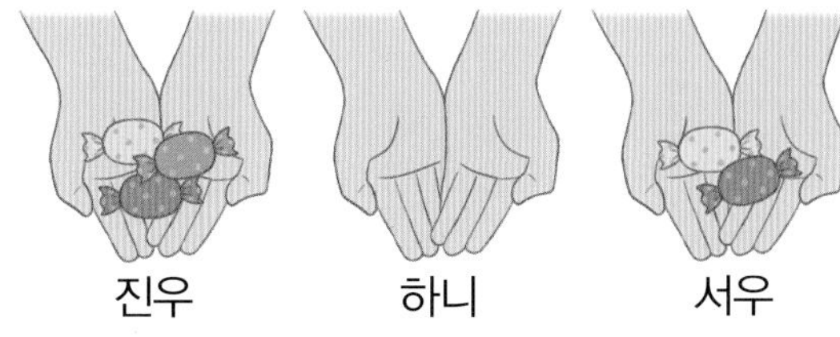

풀이

답

AI가 뽑은 정답률 낮은 문제

12 왼쪽의 수만큼 밤을 묶고, 묶지 않은 것의 수를 세어 빈칸에 알맞은 수를 써넣으세요.

19쪽 유형 4

7

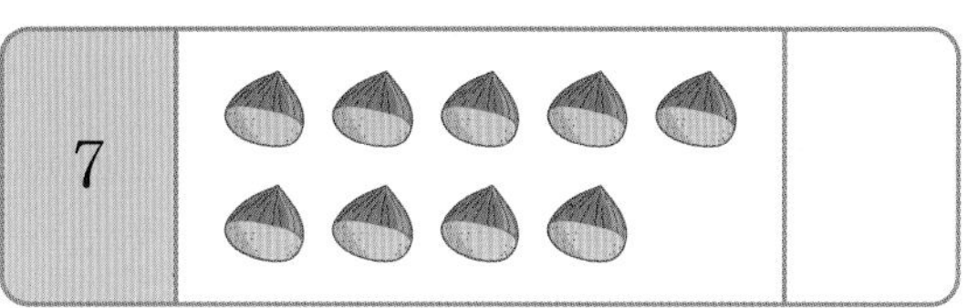

13~14 연결 모형을 보고 물음에 답해 보세요.

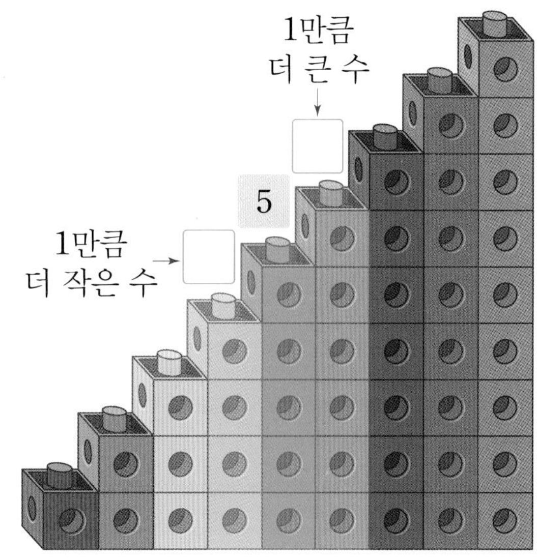

13 연결 모형에서 □ 안에 알맞은 수를 써넣으세요.

14 연결 모형으로 4와 6의 크기를 비교하려고 합니다. □ 안에 알맞은 수를 써넣으세요.

- □ 은/는 □ 보다 큽니다.
- □ 은/는 □ 보다 작습니다.

AI가 뽑은 정답률 낮은 문제

15 다음 수를 큰 수부터 차례대로 써 보세요.

21쪽 유형 8

1, 5, 8, 0, 2, 7

(   )

16~17 어느 건물에 있는 가게의 위치를 보고 물음에 답해 보세요.

16 □ 안에 알맞은 층수를 써넣으세요.

17 각 위치에 알맞은 가게를 써넣으세요.

아래에서 넷째	
위에서 셋째	

AI가 뽑은 정답률 낮은 문제

18 1부터 7까지의 수 카드가 있습니다. 수를 7부터 거꾸로 순서대로 놓았을 때 둘째 수 카드와 넷째 수 카드 사이에 있는 수 카드에 적힌 수는 얼마인지 구해 보세요.

22쪽 유형 9

(   )

AI가 뽑은 정답률 낮은 문제 서술형

19 조건에 맞는 수는 모두 몇 개인지 풀이 과정을 쓰고 답을 구해 보세요.

23쪽 유형 11

조건
- 2와 9 사이의 수입니다.
- 5보다 큰 수입니다.

풀이

답

20 4보다 3만큼 더 큰 수와 3만큼 더 작은 수는 각각 얼마인지 차례대로 써 보세요.

(,   )

점수

18~23쪽에서 같은 유형의 문제를 더 풀 수 있어요.

01~04 그림을 보고 수를 세어 써 보세요.

01  □

02  □

03 □

04  □

05~06 7과 9의 크기를 비교하려고 합니다. 물음에 답해 보세요.

05 수의 크기만큼 빈칸을 색칠해 보세요.

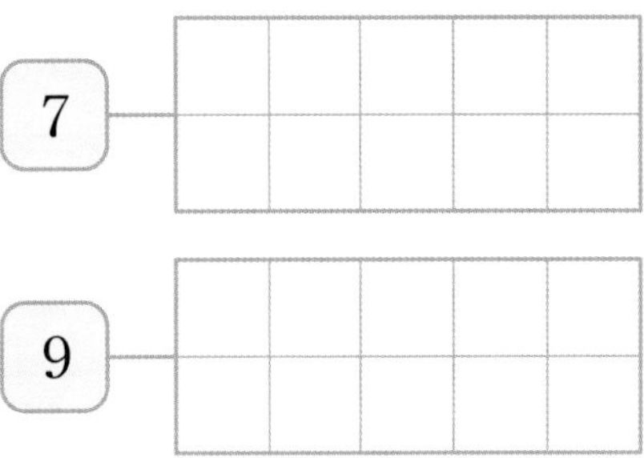

06 알맞은 말에 ○표 해 보세요.

• 7은 9보다 (큽니다 , 작습니다).
• 9는 7보다 (큽니다 , 작습니다).

07 빈칸에 알맞은 수를 써넣으세요.

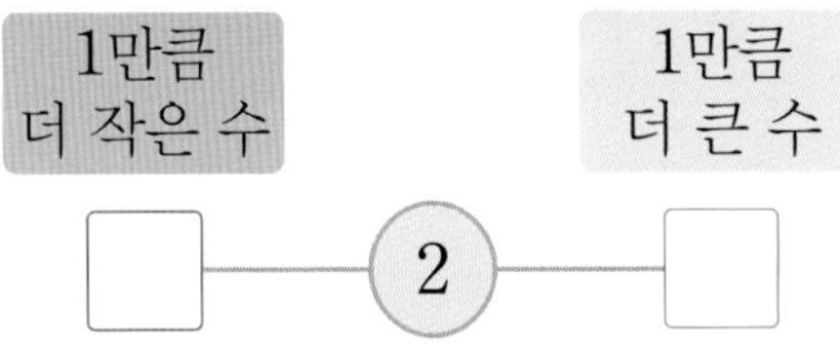

08 달걀을 모두 먹었습니다. 달걀은 몇 개 있는지 구해 보세요.

(   )

09 아이스크림을 좋아하는 순서대로 나열한 것을 보고 □ 안에 알맞은 수를 써넣으세요.

□ □ 1 □ □

AI가 뽑은 정답률 낮은 문제

10 수를 상황에 맞게 바르게 읽은 것을 모두 찾아 기호를 써 보세요.

19쪽 유형 3

㉠ 내 친구는 일 반이야.
㉡ 우리 집은 아파트 세 층에 있어.
㉢ 초콜릿을 네 개 먹었어.
㉣ 사탕을 구 개 가지고 있어.

(　　　　　　　　　　)

서술형

11 오른쪽 나무의 수보다 1만큼 더 작은 수는 얼마인지 풀이 과정을 쓰고 답을 구해 보세요.

풀이

답

12 주어진 수보다 1만큼 더 큰 수만큼 색칠해 보세요.

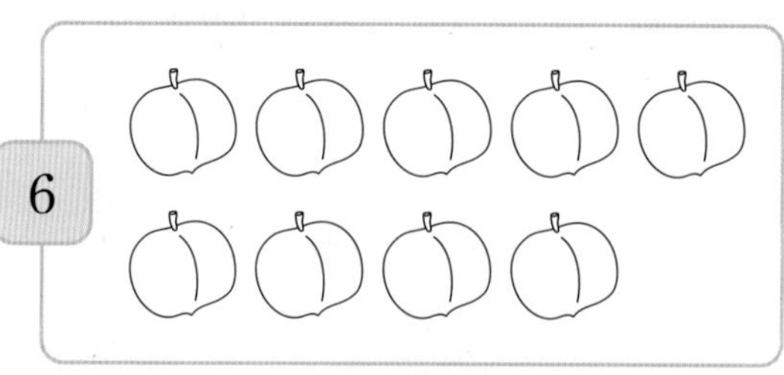

AI가 뽑은 정답률 낮은 문제

13 수의 순서를 거꾸로 하여 빈칸에 알맞은 수를 써넣으세요.

20쪽 유형 6

8 - 7 - □ - □ - 4 - □

서술형

14 오른쪽에서 셋째와 다섯째 사이에 있는 색종이는 무슨 색인지 풀이 과정을 쓰고 답을 구해 보세요.

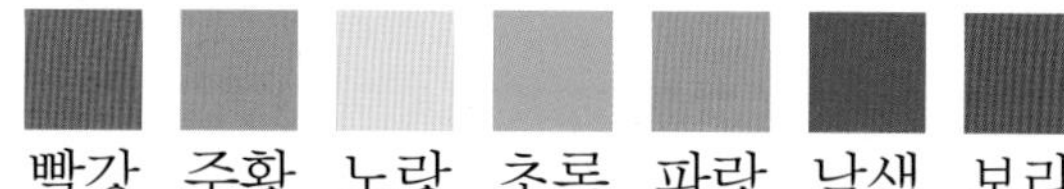

빨강	주황	노랑	초록	파랑	남색	보라

풀이

답

AI가 뽑은 정답률 낮은 문제

15 9명의 학생이 버스를 타기 위해 줄을 서 있습니다. 뒤에서 둘째로 버스를 타는 사람에 ○표 해 보세요.

21쪽 유형 7

16 수 카드 5장 중에서 2장을 골라 □ 안에 써넣어 옳은 문장을 만들어 보세요.

0 8 4 7 1

□ 은/는 □ 보다 큽니다.

17 0부터 9까지의 수를 순서대로 놓았을 때 다섯째에 있는 수는 얼마인지 구해 보세요.

( )

AI가 뽑은 정답률 낮은 문제

18 어떤 수보다 1만큼 더 큰 수는 5입니다. 어떤 수보다 1만큼 더 작은 수는 얼마인지 구해 보세요.

22쪽 유형 10

( )

19 선우와 수지는 가위바위보를 하여 계단을 오르려고 합니다. 이기면 계단을 1개 오르고, 지거나 비기면 움직이지 않습니다. 선우가 5번 이기고, 수지가 8번 이겼다면 수지는 선우보다 계단 몇 개 위에 있는지 구해 보세요.

( )

AI가 뽑은 정답률 낮은 문제

20 흰색 바둑돌 몇 개를 한 줄로 길게 늘어놓았습니다. 흰색 바둑돌 사이에 검은색 바둑돌 1개를 놓았더니 왼쪽에서 다섯째, 오른쪽에서 다섯째였습니다. 늘어놓은 바둑돌은 모두 몇 개인지 구해 보세요.

23쪽 유형 12

( )

1회 9, 10번 2회 9번

유형 1 수와 순서에 맞게 색칠하기

왼쪽에서부터 알맞게 색칠해 보세요.

2

둘(이)	◇◇◇◇◇◇◇◇◇
둘째	◇◇◇◇◇◇◇◇◇

Tip 몇은 수이고, 몇째는 순서예요.

1-1 왼쪽에서부터 알맞게 색칠해 보세요.

5

다섯(오)	☆☆☆☆☆☆☆☆☆
다섯째	☆☆☆☆☆☆☆☆☆

1-2 왼쪽에서부터 알맞게 색칠해 보세요.

6

여섯(육)	
여섯째	

1-3 왼쪽에서부터 알맞게 색칠해 보세요.

8

여덟(팔)	
여덟째	

3회 9번

유형 2 나타내는 수가 다른 것 찾기

나타내는 수가 나머지와 다른 하나를 찾아 기호를 써 보세요.

㉠ 1 ㉡ 하나 ㉢ 일 ㉣ 이

( )

Tip 수는 두 가지 방법으로 읽을 수 있어요.

2-1 나타내는 수가 나머지와 다른 하나를 찾아 기호를 써 보세요.

㉠ 7 ㉡ 일곱 ㉢ 여덟 ㉣ 칠

( )

2-2 나타내는 수가 9가 아닌 것을 모두 고르세요. ( )

① 아홉 ② 영 ③ 육
④ 구 ⑤ 8보다 1만큼 더 큰 수

2-3 제기를 민성이는 여섯 개, 현지는 다섯 개, 은영이는 6개 찼습니다. 제기를 찬 개수가 다른 사람은 누구인지 구해 보세요.

( )

2회 11번 4회 10번

유형 3 수를 상황에 맞게 읽기

다음은 수를 잘못 읽은 것입니다. 밑줄 친 부분을 바르게 고쳐 보세요.

나는 하나 학년이야.

➜

Tip 수를 읽는 두 가지 방법 중에서 상황에 알맞은 방법으로 수를 읽어요.

3-1 다음은 수를 잘못 읽은 것입니다. 밑줄 친 부분을 바르게 고쳐 보세요.

내 나이는 팔 살이야.

➜

3-2 다음은 수를 잘못 읽은 것입니다. 밑줄 친 부분을 바르게 고쳐 보세요.

지영이네 모둠은 모두 사 명이야.

➜

3-3 다음은 수를 잘못 읽은 것입니다. 밑줄 친 부분을 바르게 고쳐 보세요.

달리기 경주에서 다섯 등으로 들어왔어.

➜

1회 12번 3회 12번

유형 4 주어진 수만큼 묶고, 묶지 않은 물건의 수 세어 보기

왼쪽의 수만큼 야구공을 묶고, 묶지 않은 것의 수를 세어 빈칸에 알맞은 수를 써넣으세요.

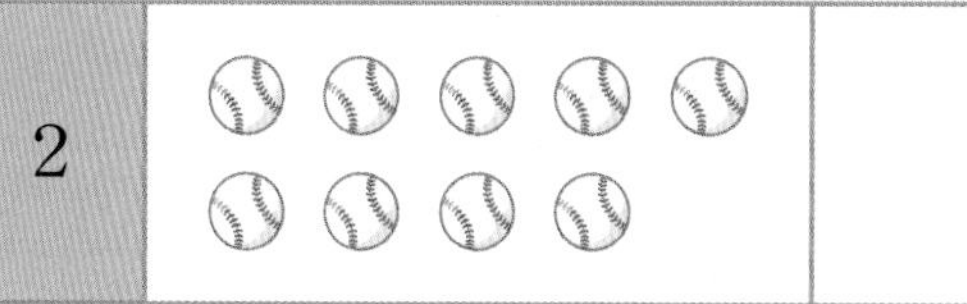

Tip 묶지 않은 것은 묶고 남은 것이에요.

4-1 왼쪽의 수만큼 테니스공을 묶고, 묶지 않은 것의 수를 세어 빈칸에 알맞은 수를 써넣으세요.

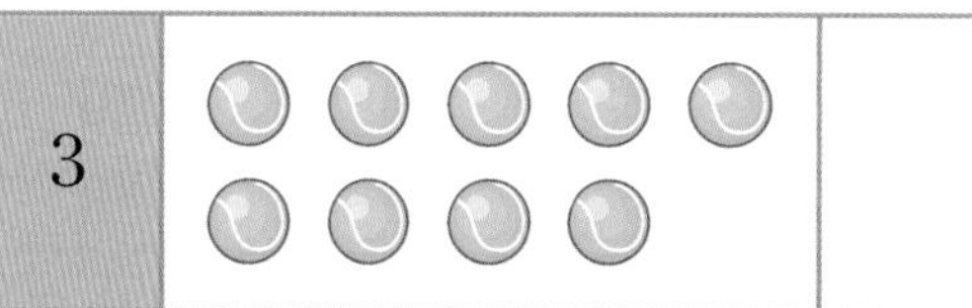

4-2 왼쪽의 수만큼 축구공을 묶고, 묶지 않은 것의 수를 세어 빈칸에 알맞은 수를 써넣으세요.

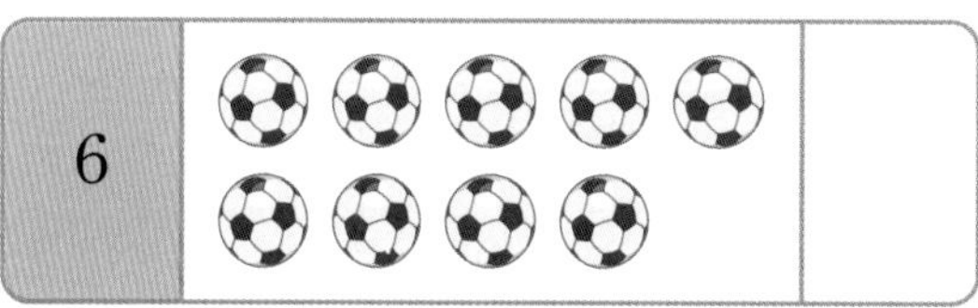

4-3 왼쪽의 수만큼 농구공을 묶고, 묶지 않은 것의 수를 세어 빈칸에 알맞은 수를 써넣으세요.

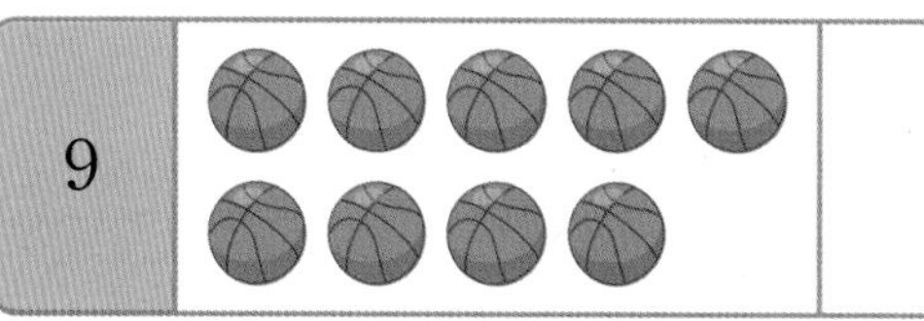

2회 13번

유형 5 수를 사용하여 이야기 만들기

0을 사용하여 이야기를 만들어 보세요.

Tip 그림에서 수와 관련된 소재를 찾아 그림에 어울리는 이야기를 만들어요.

5-1 넣은 화살의 수를 보고 이야기를 만들어 보세요.

5-2 주변에 있는 물건의 수를 1부터 9까지의 수 중에서 하나로 말해 보세요.

4회 13번

유형 6 수의 순서를 거꾸로 하여 쓰기

수의 순서를 거꾸로 하여 빈칸에 알맞은 수를 써넣으세요.

9	8			5	

Tip 9부터 1까지 수의 순서를 거꾸로 하여 쓰면 9, 8, 7, 6, 5, 4, 3, 2, 1이에요.

6-1 수의 순서를 거꾸로 하여 빈칸에 알맞은 수를 써넣으세요.

5	4			1	

6-2 수의 순서를 거꾸로 하여 빈칸에 알맞은 수를 써넣으세요.

	7			4	3

6-3 수의 순서를 거꾸로 하여 빈칸에 알맞은 수를 써넣으세요.

4회 15번

유형 7 순서 활용하기

9명의 학생이 놀이공원에 입장하기 위해 줄을 서 있습니다. 뒤에서 셋째로 놀이공원에 입장하는 사람에 ○표 해 보세요.

Tip 어느 쪽 방향에서부터 수를 세어야 하는지 확인해요.

7-1 달리기 경주를 했습니다. 첫째로 들어오는 학생에게 금메달, 둘째로 들어오는 학생에게 은메달, 셋째로 들어오는 학생에게 동메달을 주려고 합니다. 각각의 메달을 받을 것 같은 학생의 번호를 써 보세요.

금메달 (　　　　　　　　)
은메달 (　　　　　　　　)
동메달 (　　　　　　　　)

7-2 위 **7-1**의 달리기 경주에서 동메달을 받을 것 같은 학생은 뒤에서 몇째인지 구해 보세요.

(　　　　　　　　)

3회 15번

유형 8 크기 순서대로 배열하기

다음 수를 큰 수부터 차례대로 써 보세요.

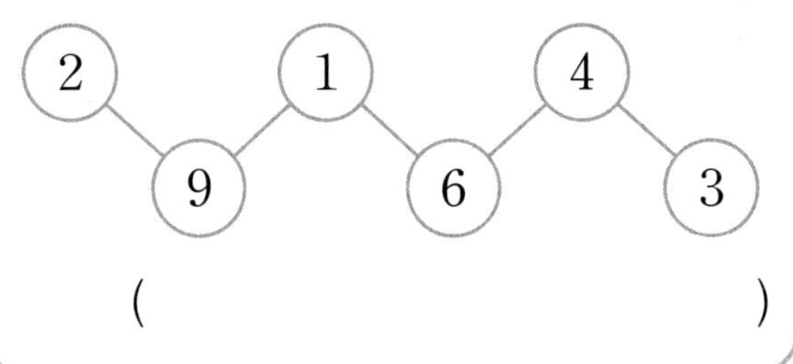

(　　　　　　　　)

Tip 1부터 수를 순서대로 쓰면 뒤의 수가 앞의 수보다 커요.

8-1 다음 수를 작은 수부터 차례대로 써 보세요.

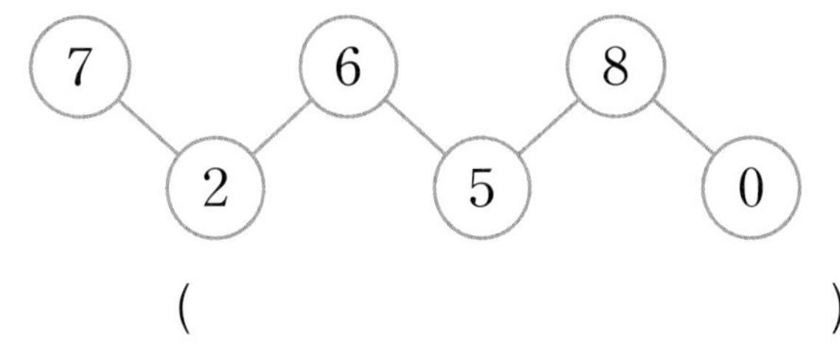

(　　　　　　　　)

8-2 수 카드의 수를 큰 수부터 차례대로 써 보세요.

1	2	4	8	9	6	5

(　　　　　　　　)

8-3 수 카드의 수를 작은 수부터 차례대로 써 보세요.

9	2	7	6	0	3	1

(　　　　　　　　)

1회 17번 2회 17번 3회 18번

유형 9 수 카드에 적힌 수 구하기

3부터 9까지의 수 카드가 있습니다. 수를 순서대로 놓았을 때 둘째 수 카드와 넷째 수 카드 사이에 있는 수 카드에 적힌 수는 얼마인지 구해 보세요.

( )

Tip 먼저 3부터 9까지의 수를 순서대로 쓴 다음 둘째와 넷째 사이에 있는 수를 찾아요.

9-1 0부터 6까지의 수 카드가 있습니다. 수를 순서대로 놓았을 때 셋째 수 카드와 다섯째 수 카드 사이에 있는 수 카드에 적힌 수는 얼마인지 구해 보세요.

( )

9-2 4부터 8까지의 수 카드가 있습니다. 수를 8부터 거꾸로 순서대로 놓았을 때 첫째 수 카드와 셋째 수 카드 사이에 있는 수 카드에 적힌 수는 얼마인지 구해 보세요.

( )

9-3 1부터 9까지의 수 카드가 있습니다. 수를 9부터 거꾸로 순서대로 놓았을 때 넷째 수 카드와 여섯째 수 카드 사이에 있는 수 카드에 적힌 수는 얼마인지 구해 보세요.

( )

1회 18번 4회 18번

유형 10 어떤 수 구하기

어떤 수보다 1만큼 더 작은 수는 4입니다. 어떤 수는 얼마인지 구해 보세요.

( )

Tip ■보다 1만큼 더 작은 수가 ▲일 때 ■는 ▲보다 1만큼 더 큰 수예요.

10-1 어떤 수보다 1만큼 더 큰 수는 6입니다. 어떤 수는 얼마인지 구해 보세요.

( )

10-2 어떤 수보다 1만큼 더 작은 수는 6입니다. 어떤 수보다 1만큼 더 큰 수는 얼마인지 구해 보세요.

( )

10-3 어떤 수보다 1만큼 더 큰 수는 2입니다. 어떤 수보다 1만큼 더 작은 수는 얼마인지 구해 보세요.

( )

1회 20번 3회 19번

유형 11 조건에 맞는 수의 개수 구하기

조건에 맞는 수는 모두 몇 개인지 구해 보세요.

조건
- 4와 9 사이의 수입니다.
- 6보다 큰 수입니다.

( )

Tip 먼저 수를 순서대로 써서 4와 9 사이의 수를 구한 다음 그중에서 6보다 큰 수를 구해요.

11-1 조건에 맞는 수는 모두 몇 개인지 구해 보세요.

조건
- 1과 7 사이의 수입니다.
- 5보다 작은 수입니다.

( )

11-2 조건에 맞는 수는 모두 몇 개인지 구해 보세요.

조건
- 6보다 작은 수입니다.
- 1보다 큰 수입니다.

( )

2회 20번 4회 20번

유형 12 모두 몇 개인지 알아보기

검은색 바둑돌 몇 개를 한 줄로 길게 늘어놓았습니다. 검은색 바둑돌 사이에 흰색 바둑돌 1개를 놓았더니 왼쪽에서 셋째, 오른쪽에서 둘째였습니다. 늘어놓은 바둑돌은 모두 몇 개인지 구해 보세요.

( )

Tip 그림을 그려 보며 바둑돌이 모두 몇 개인지 확인해요.

12-1 흰색 바둑돌 몇 개를 한 줄로 길게 늘어놓았습니다. 흰색 바둑돌 사이에 검은색 바둑돌 1개를 놓았더니 왼쪽에서 넷째, 오른쪽에서 넷째였습니다. 늘어놓은 바둑돌은 모두 몇 개인지 구해 보세요.

( )

12-2 책꽂이에 동화책이 몇 권 꽂혀 있었습니다. 동화책 사이에 과학책을 1권 꽂았더니 왼쪽에서 여섯째, 오른쪽에서 둘째였습니다. 책꽂이에 꽂은 책은 모두 몇 권인지 구해 보세요.

( )

12-3 빨간색 벽돌을 몇 장 쌓다가 파란색 벽돌을 한 장 쌓았습니다. 이후에 빨간색 벽돌을 몇 장 더 쌓았더니 파란색 벽돌은 위에서 셋째, 아래에서 일곱째였습니다. 쌓은 벽돌은 모두 몇 장인지 구해 보세요.

( )

여러 가지 모양

개념 정리 2단원

여러 가지 모양

개념 1 여러 가지 모양 찾기

◆ 생활 주변에서 모양 찾기

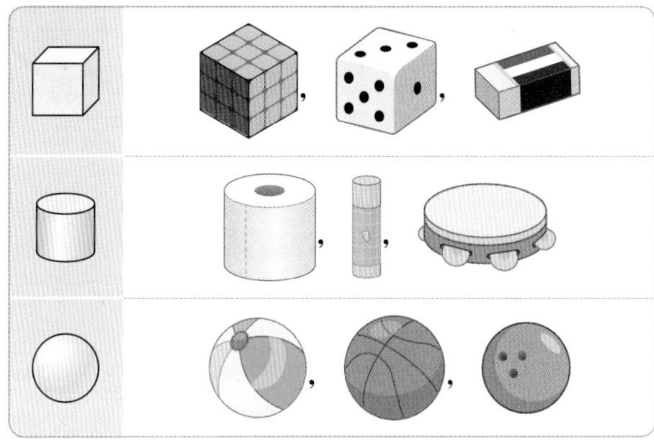

개념 2 여러 가지 모양 알아보기

◆ 모양의 특징 알아보기

모양	특징
(상자 모양)	• 뾰족한 부분이 있습니다. • 평평한 부분이 있습니다.
(둥근기둥 모양)	• 평평한 부분이 있습니다. • 둥근 부분이 있습니다.
(공 모양)	(평평한 , 둥근) 부분이 있습니다.

◆ 모양을 쌓거나 굴리기

모양	특징
(상자 모양)	• 잘 쌓을 수 있습니다. • 잘 굴러가지 않습니다.
(둥근기둥 모양)	• 세우면 쌓을 수 있습니다. • 눕히면 잘 굴러갑니다.
(공 모양)	• 쌓을 수 없습니다. • 어느 방향으로도 잘 구릅니다.

개념 3 여러 가지 모양 만들기

◆ 모양으로 모양 만들기

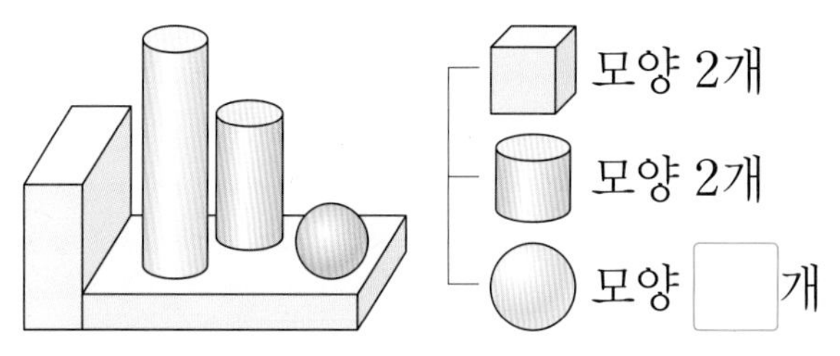

참고

같은 모양을 찾을 때 크기와 색깔은 생각하지 않아요.

개념 4 같은 모양 찾기 놀이

◆ 같은 모양끼리 같은 색깔로 ○표 하기

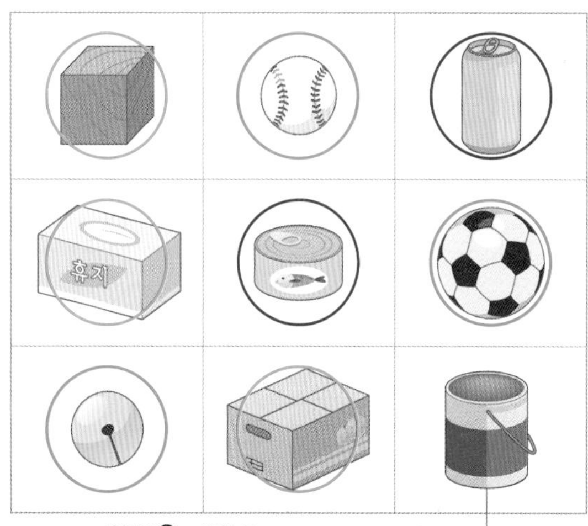

알맞은 색깔로 ○표 해 보세요.

정답 ❷ 둥근 ❸ 1 ❹ 빨간색으로 ○표

점수

38~43쪽에서 같은 유형의 문제를 더 풀 수 있어요.

01~03 왼쪽과 같은 모양에 ○표 해 보세요.

01
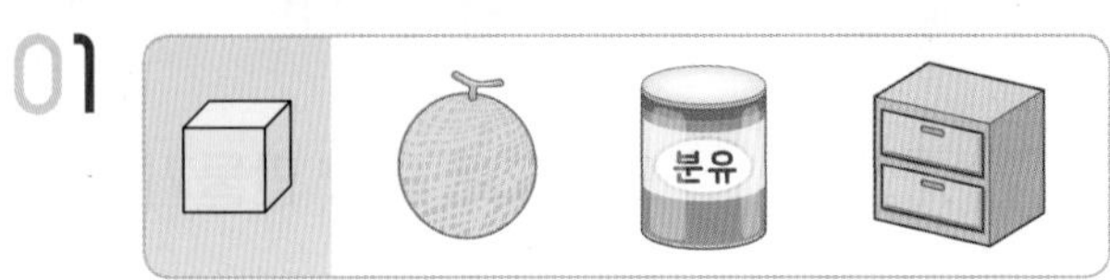

02
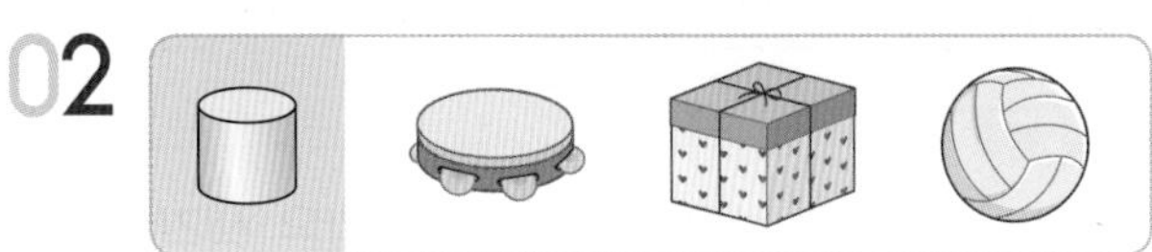

03
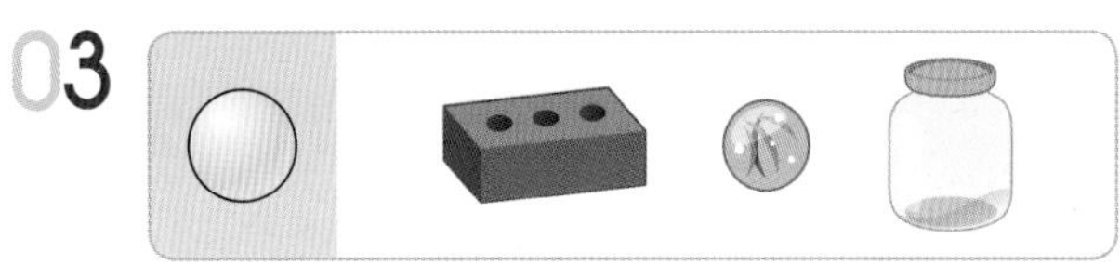

04 가와 나에 모두 들어 있는 모양에 ○표 해 보세요.

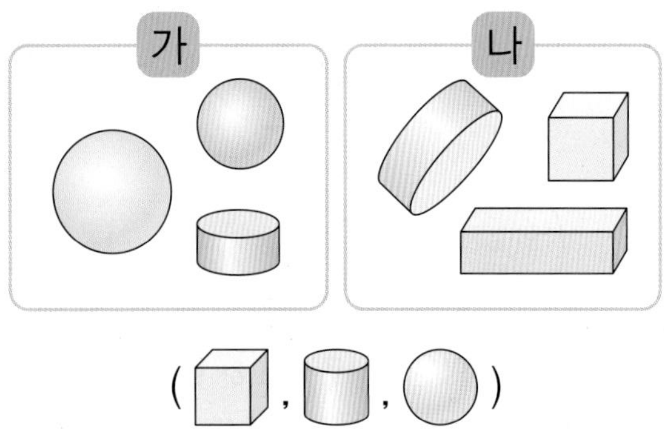

(, ,)

05 같은 모양끼리 모은 것입니다. 잘못 모은 하나를 찾아 기호를 써 보세요.

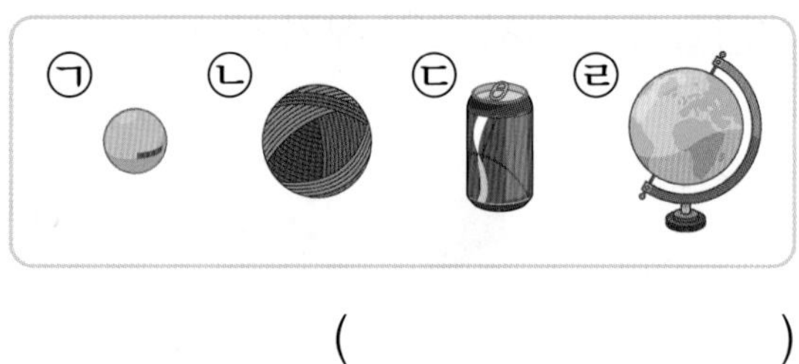

(   )

06  모양을 초록색, 모양을 빨간색, 모양을 노란색으로 색칠해 보세요.

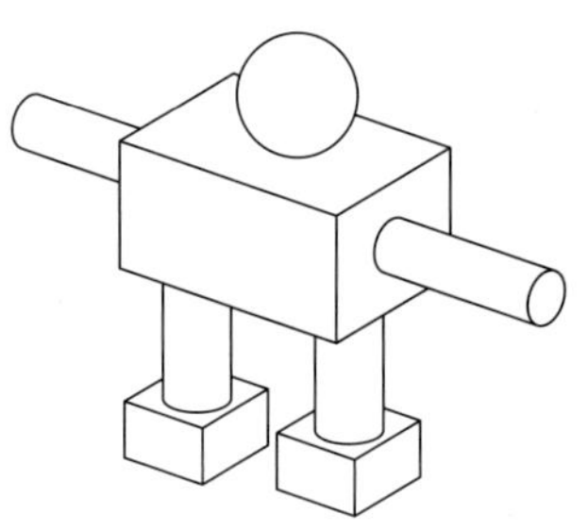

07~08 모양을 보고 물음에 답해 보세요.

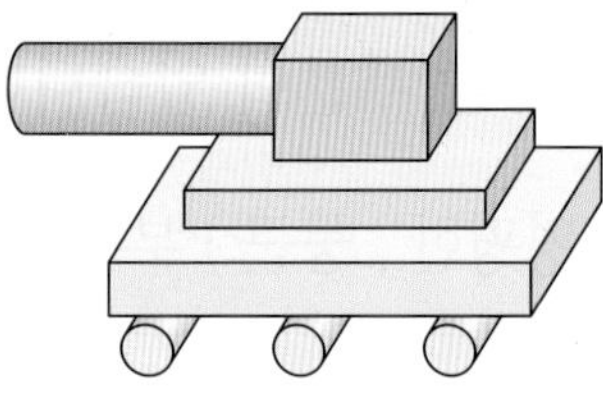

07 무엇을 만든 모양인지 이름을 써 보세요.

(   )

08 모양을 만드는 데 모양은 몇 개 사용했는지 구해 보세요.

(   )

AI가 뽑은 정답률 낮은 문제

09 다음 모양을 만드는 데 사용하지 않은 모양에 ○표 해 보세요.

38쪽 유형 1

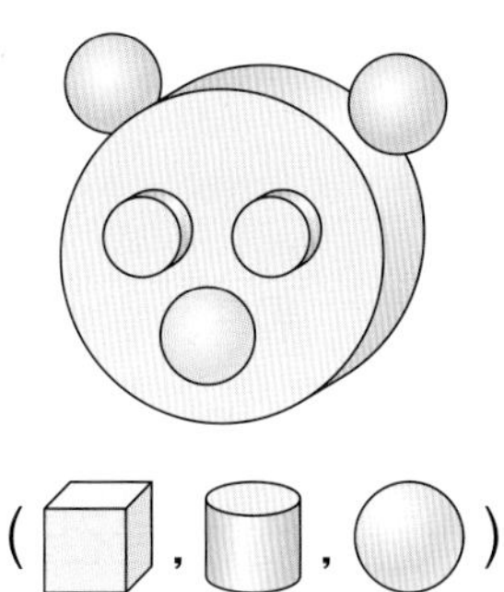

(, ,)

AI가 뽑은 정답률 낮은 문제

10 모양을 바르게 설명한 것을 찾아 선으로 이어 보세요.

38쪽 유형 2

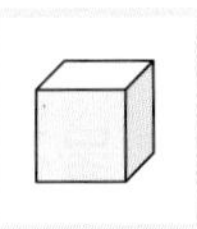

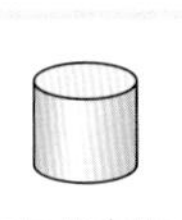

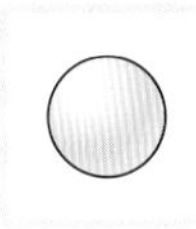

잘 굴러가지만 쌓을 수 있습니다.

여러 방향으로 잘 굴러서 쌓기 어렵습니다.

잘 굴러가지 않고, 쌓기 쉽습니다.

11 , , 모양을 각각 몇 개 사용했는지 구해 보세요.

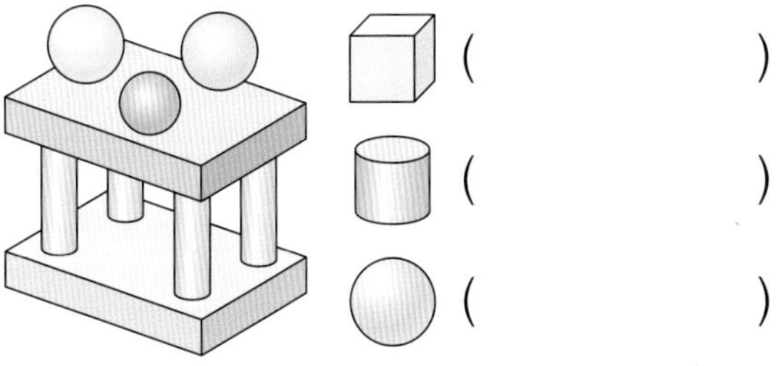

( )

( )

( )

12~13 같은 모양의 그림 카드를 2장씩 짝 지어 가져가는 놀이를 하고 있습니다. 물음에 답해 보세요.

12 카드를 뽑았을 때 짝 지을 수 있는 카드에 모두 ○표 해 보세요.

13 카드를 뽑았을 때 짝 지을 수 있는 카드를 2장 더 추가하려고 합니다. 무엇을 그리면 좋을지 생활 주변에서 찾아 써 보세요.

(,)

서술형

14 두 모양의 같은 점과 다른 점을 한 가지씩 써 보세요.

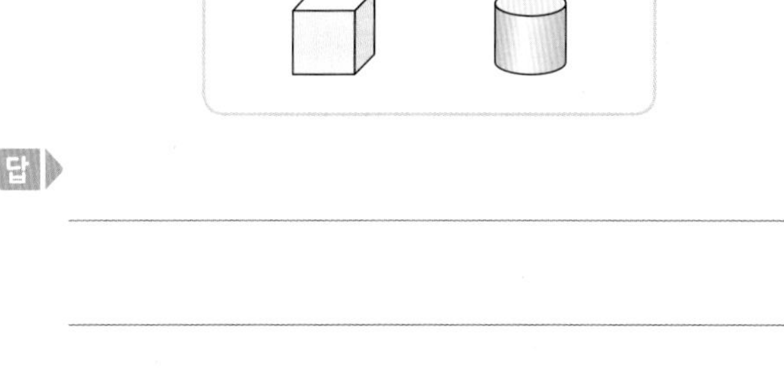

답

AI가 뽑은 정답률 낮은 문제

15 (원기둥) 모양의 물건을 가지고 있는 사람은 누구인지 이름을 써 보세요.

41쪽 유형 7

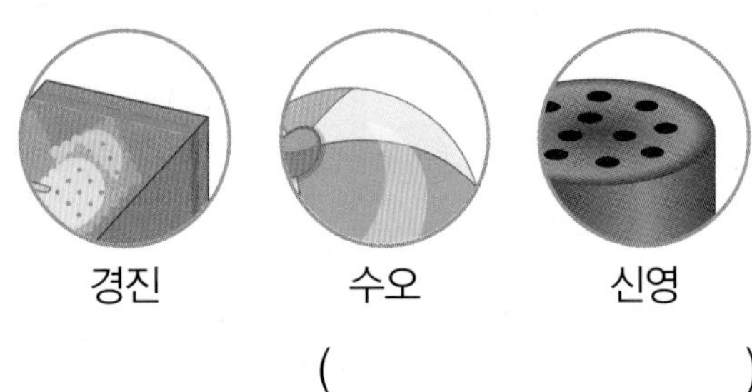

경진 수오 신영

( )

18~19 세 가지 물건을 보고 물음에 답해 보세요.

참치 캔

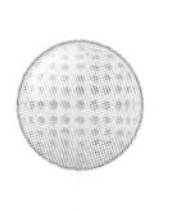

골프공

구급상자

18 눕혀서 굴려야만 잘 굴러가고 세우면 잘 굴러가지 않는 물건을 써 보세요.

( )

16~17 보기의 모양을 보고 물음에 답해 보세요.

보기

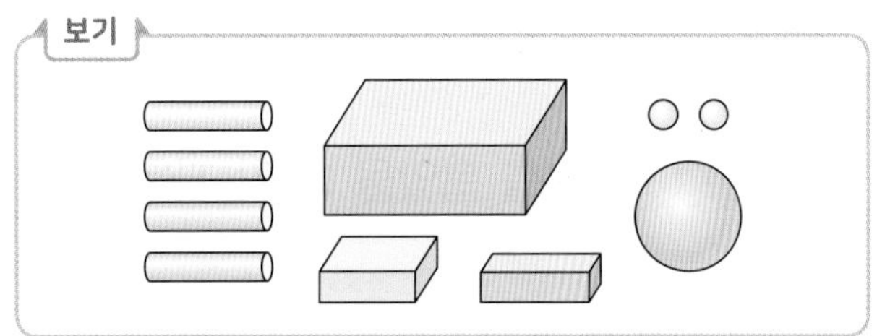

16 보기의 모양을 세어 빈칸에 알맞은 수를 써넣으세요.

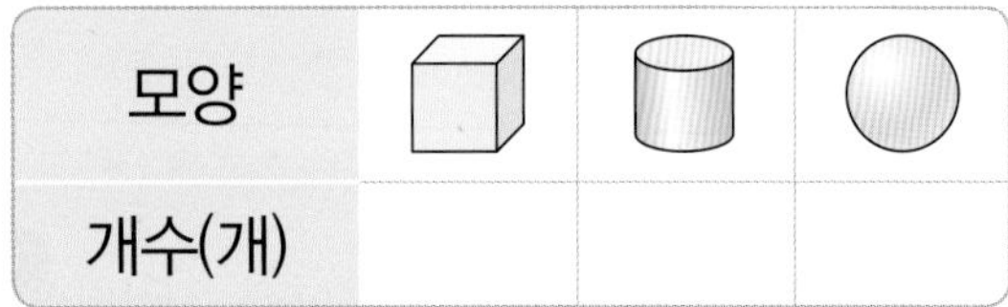

모양	(직육면체)	(원기둥)	(구)
개수(개)			

AI가 뽑은 정답률 낮은 문제 서술형

17 오른쪽 모양이 보기의 모양만을 사용하여 만든 모양인지 아닌지 쓰고, 그 이유를 써 보세요.

42쪽 유형 9

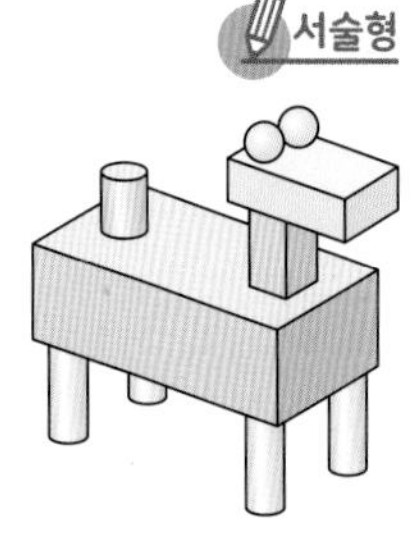

답

19 세 가지 물건을 한 줄로 높이 쌓으려고 합니다. 3층에 쌓아야 하는 물건을 써 보세요.

( )

AI가 뽑은 정답률 낮은 문제

20 위에서 바라본 모양이 (원) 모양인 물건은 모두 몇 개인지 구해 보세요.

43쪽 유형 11

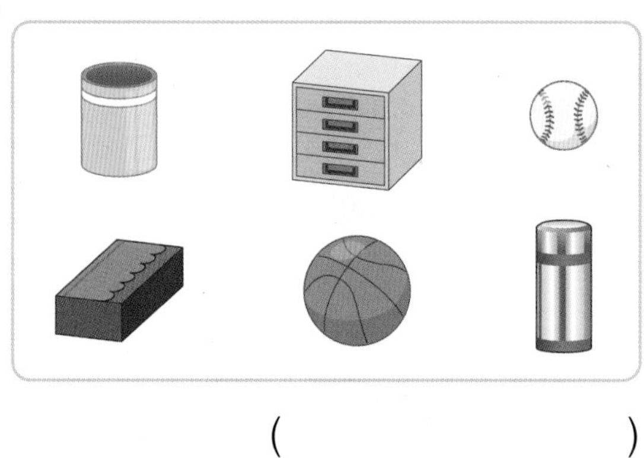

( )

점수

38~43쪽에서 같은 유형의 문제를 더 풀 수 있어요.

01~02 어떤 모양의 물건을 모은 것인지 알맞은 모양에 ○표 해 보세요.

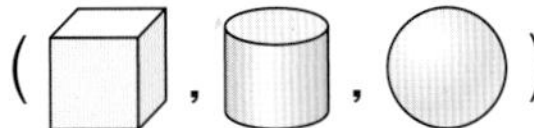

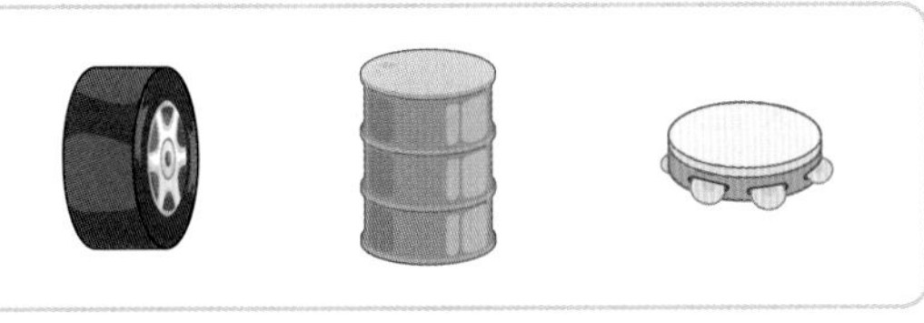

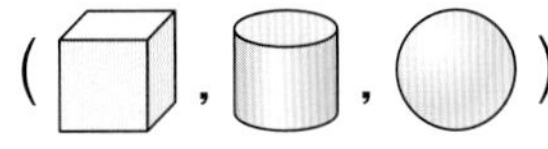

03 도시락통과 같은 모양을 찾아 ○표 해 보세요.

04 통조림 캔과 같은 모양을 찾아 ○표 해 보세요.

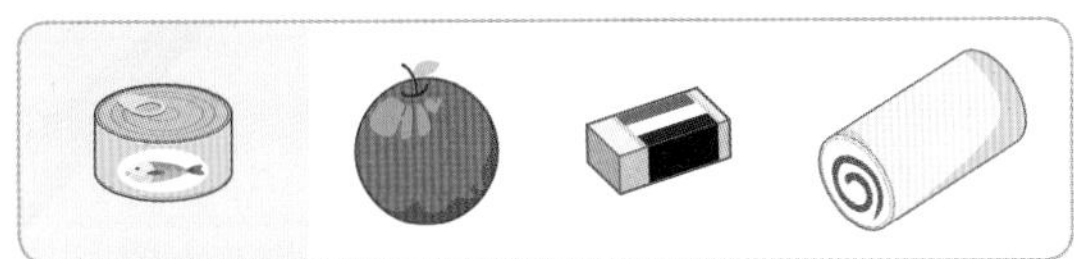

05 탁구공과 같은 모양을 찾아 ○표 해 보세요.

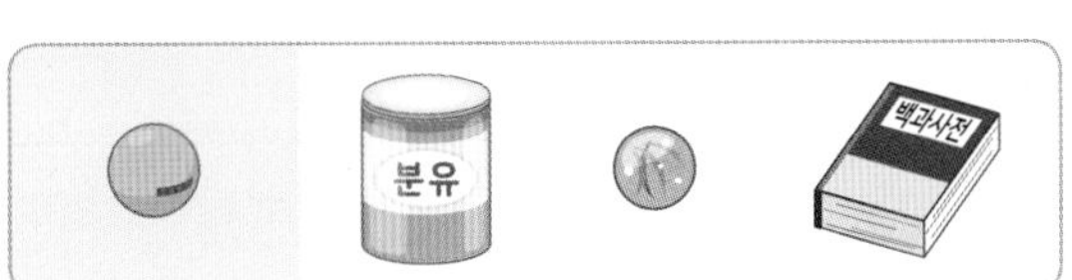

06 (상자) 모양에 □표, (원기둥) 모양에 △표, (공) 모양에 ○표 해 보세요.

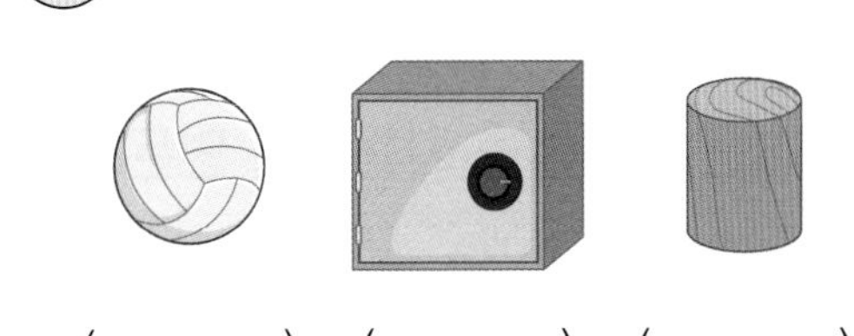

( ) ( ) ( )

07 뾰족한 부분이 있는 물건을 찾아 써 보세요.

( )

08 널뛰기에 대한 설명을 읽고, 알맞은 모양에 ○표 해 보세요.

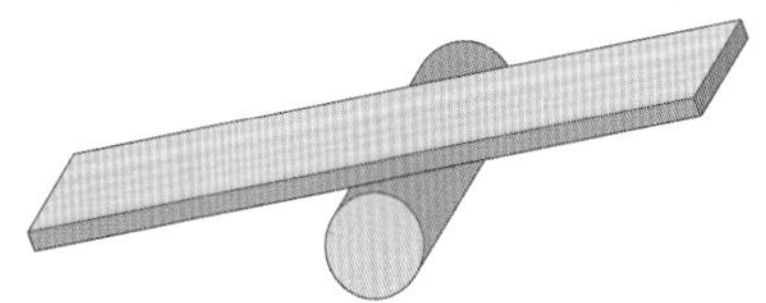

널뛰기는 ((상자), (원기둥), (공)) 모양의 긴 널빤지 바닥 중앙에 ((상자), (원기둥), (공)) 모양을 놓은 다음 양쪽 끝에 한 사람씩 올라서서 번갈아 뛰어 오르는 놀이입니다.

09~10 만든 모양을 보고 물음에 답해 보세요.

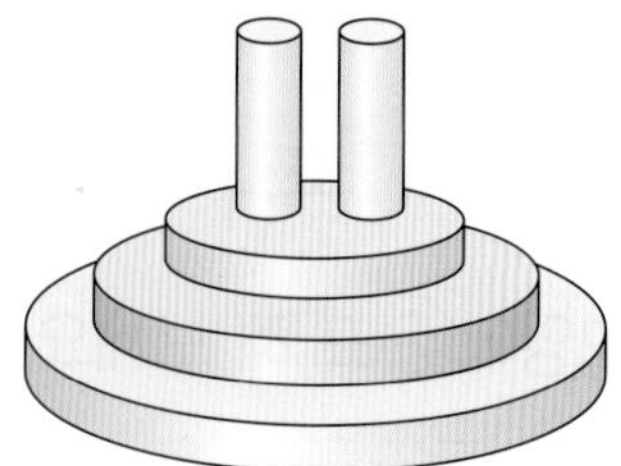

09 어떤 모양만을 사용하여 만든 모양인지 알맞은 모양에 ○표 해 보세요.

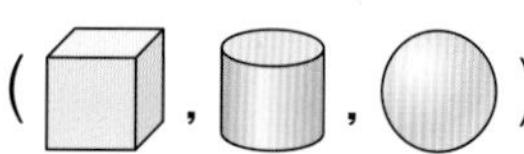

10 사용한 모양은 모두 몇 개인지 구해 보세요.

(　　　　　　　　)

AI가 뽑은 정답률 낮은 문제

11 재은이가 비밀 상자 속에서 잡은 물건을 찾아 ○표 해 보세요.

38쪽 유형 2

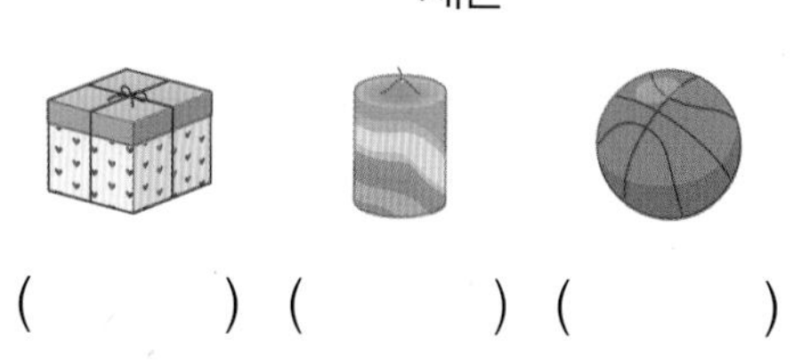

(　　) (　　) (　　)

12 [정육면체], [원기둥], [구] 모양을 각각 몇 개 사용했는지 구해 보세요.

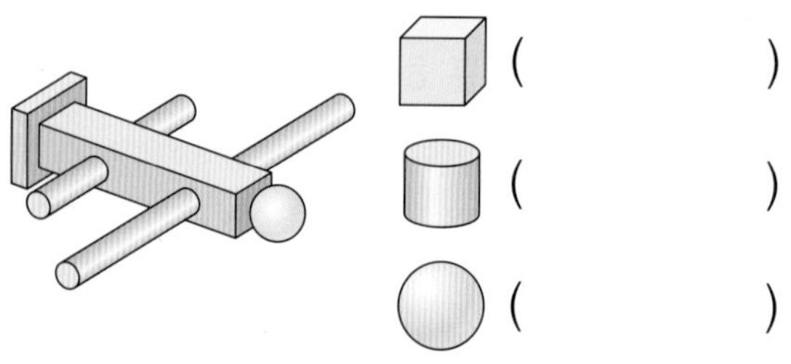

[정육면체] (　　　)
[원기둥] (　　　)
[구] (　　　)

AI가 뽑은 정답률 낮은 문제

13 평평한 부분의 수를 구하여 빈칸에 알맞은 수를 써넣으세요.

39쪽 유형 3

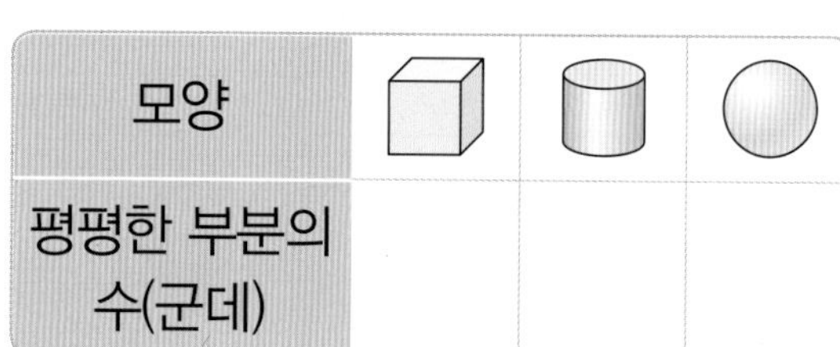

모양	[정육면체]	[원기둥]	[구]
평평한 부분의 수(군데)			

AI가 뽑은 정답률 낮은 문제　서술형

14 볼링공이 [정육면체] 모양이 되면 어떤 일이 생길지 말해 보세요.

40쪽 유형 6

답

AI가 뽑은 정답률 낮은 문제

15 오른쪽에 보이는 모양과 같은 모양의 물건을 생활 주변에서 2개만 찾아 써 보세요.

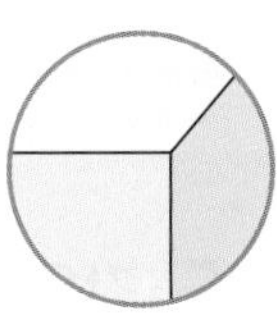

41쪽 유형 7

(,)

16~17 보기의 모양을 보고 물음에 답해 보세요.

보기

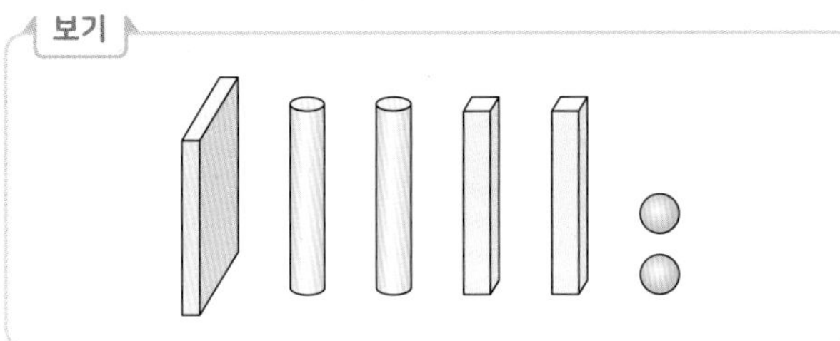

AI가 뽑은 정답률 낮은 문제

16 보기의 모양을 모두 사용하여 만든 모양에 ○표 해 보세요.

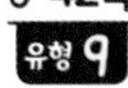

42쪽 유형 9

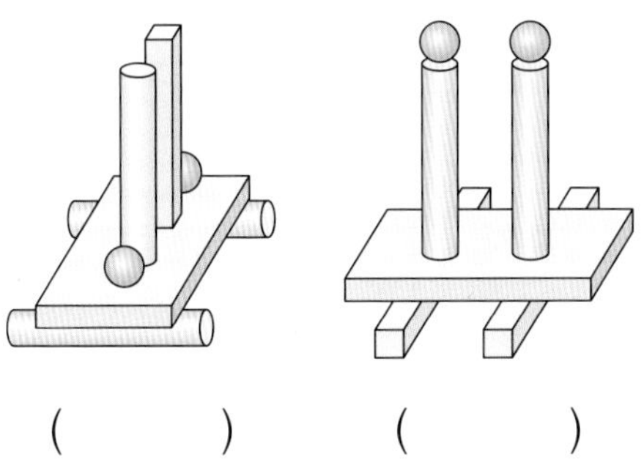

( ) ( )

17 보기의 모양을 모두 사용하여 나만의 모양을 만들어 보세요.

18~20 모양의 순서대로 길을 따라가려고 합니다. 물음에 답해 보세요.

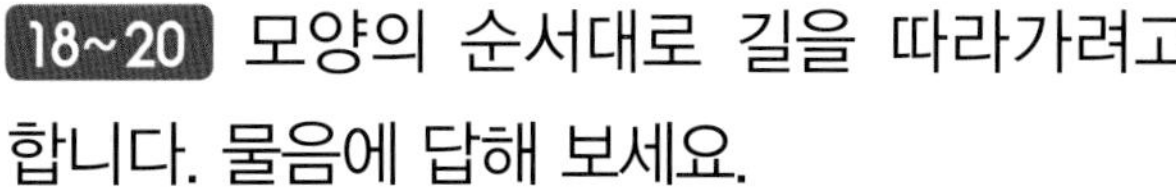

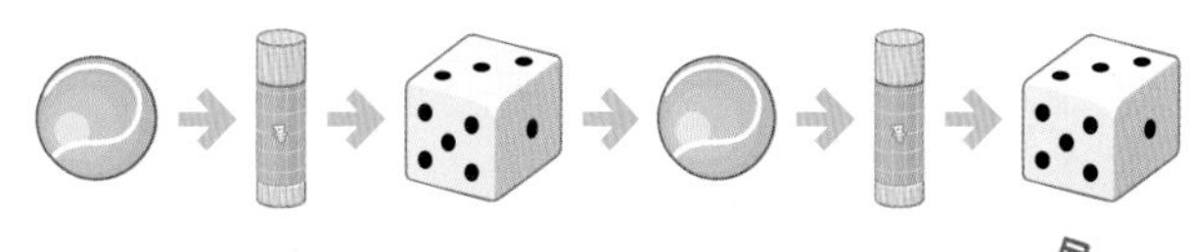

서술형

18 모양의 순서에는 어떤 규칙이 있는지 설명해 보세요.

답

19 개미가 위 18의 모양의 순서대로 길을 따라가도록 선을 그려 보세요.

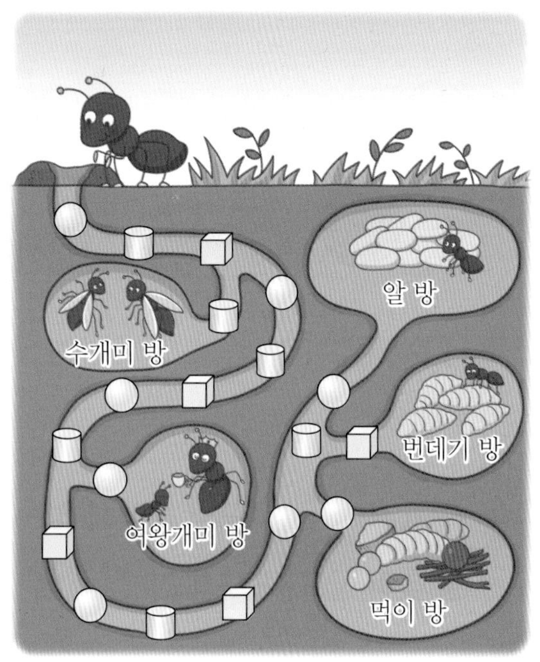

20 개미가 도착한 방은 어디인지 써 보세요.

( )

AI가 추천한 단원 평가 3회

점수

38~43쪽에서 같은 유형의 문제를 더 풀 수 있어요.

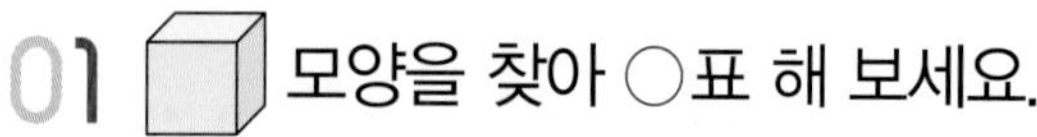

01 ☐ 모양을 찾아 ○표 해 보세요.

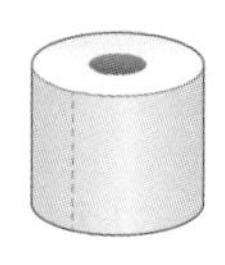  

(　　　) (　　　) (　　　)

02 ☐ 모양을 찾아 ○표 해 보세요.

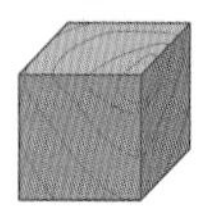  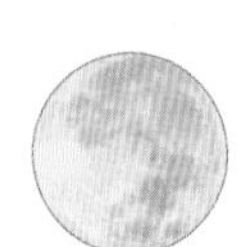

(　　　) (　　　) (　　　)

03 ○ 모양을 찾아 ○표 해 보세요.

 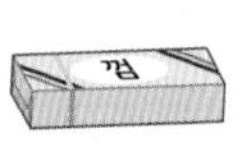

(　　　) (　　　) (　　　)

04 ☐, ☐, ○ 모양 중에서 없는 모양을 찾아 ○표 해 보세요.

(☐ , ☐ , ○)

05 같은 모양끼리 선으로 이어 보세요.

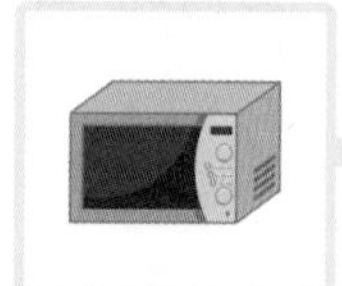 

06 쌓기 어려운 물건을 찾아 써 보세요.

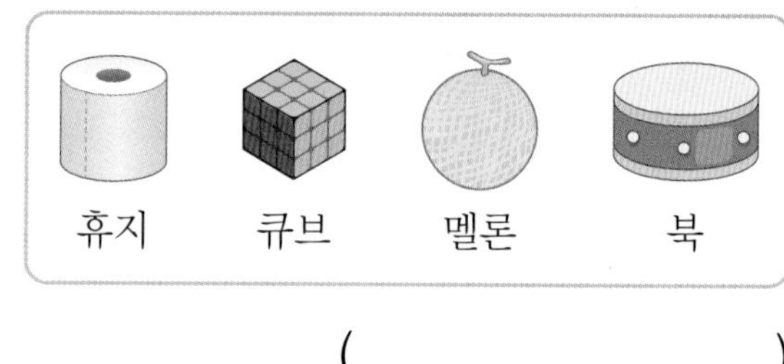

(　　　　　　　)

07 ☐ 모양에 대한 설명으로 틀린 것을 모두 고르세요. (　　　　　)

① 평평한 부분이 있습니다.
② 뾰족한 부분이 있습니다.
③ 둥근 부분이 있습니다.
④ 쌓을 수 있습니다.
⑤ 어느 방향으로도 잘 구릅니다.

08~10 같은 모양의 그림 카드를 2장씩 짝 지어 가져가는 놀이를 하고 있습니다. 물음에 답해 보세요.

 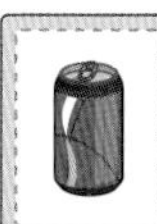 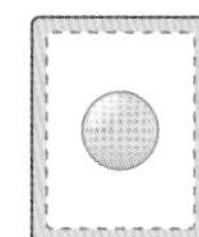 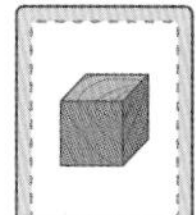

  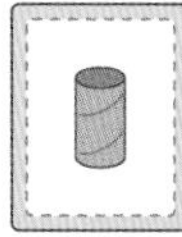 

 카드를 뽑았을 때 짝 지을 수 있는 카드에 모두 □표 해 보세요.

09  카드를 뽑았을 때 짝 지을 수 있는 카드에 모두 △표 해 보세요.

10  카드를 뽑았을 때 짝 지을 수 있는 카드에 ○표 해 보세요.

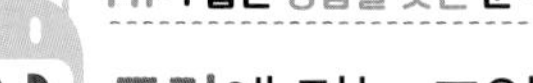

11 조건에 맞는 모양을 찾아 ○표 해 보세요.

38쪽 유형 2

조건
- 둥근 부분이 있습니다.
- 쌓을 수 있습니다.

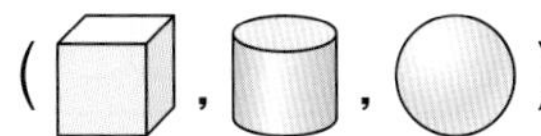

12 오른쪽 모양의 물건을 잘못 설명한 것을 찾아 기호를 써 보세요.

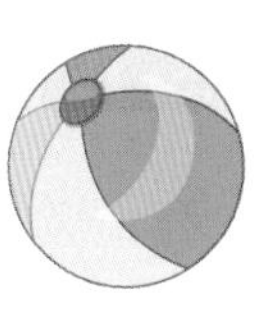

㉠ 평평한 부분이 있습니다.
㉡ 뾰족한 부분이 없습니다.
㉢ 어느 방향으로도 잘 구릅니다.

(   )

AI가 뽑은 정답률 낮은 문제

13 두 모양을 만드는 데 모두 사용한 모양을 찾아 ○표 해 보세요.

39쪽 유형 4

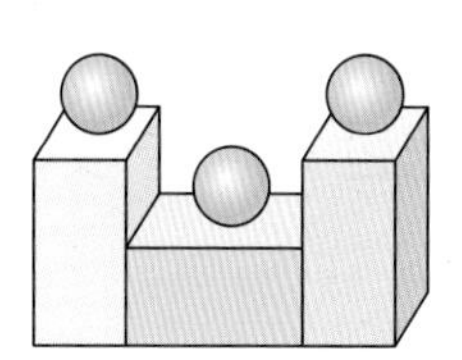 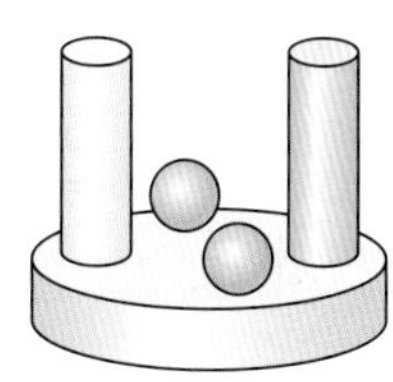

(, ,)

AI가 뽑은 정답률 낮은 문제

14 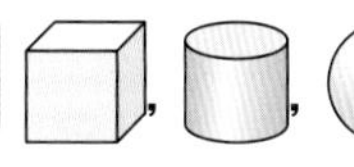 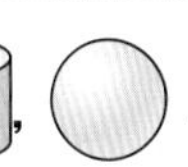 모양 중에서 가장 많이 사용한 모양은 몇 개를 사용했는지 풀이 과정을 쓰고 답을 구해 보세요.

40쪽 유형 5

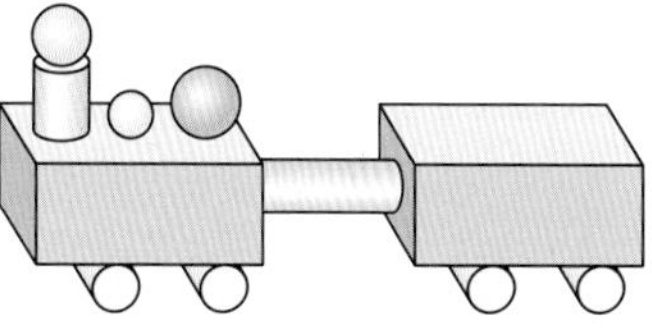

풀이

답

2 단원

15~16 두 모양을 보고 물음에 답해 보세요.

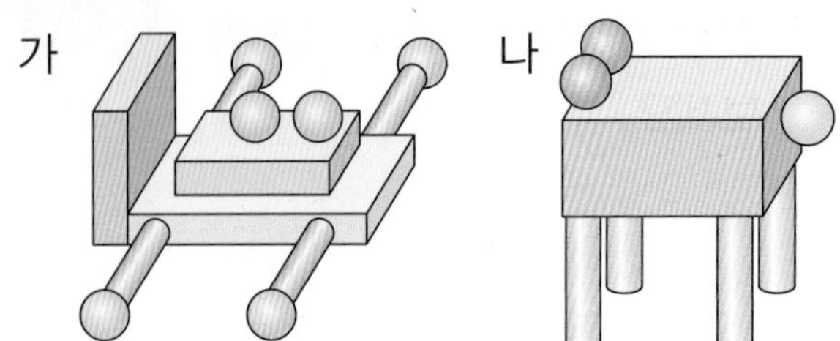

15 가와 나 중에서 모양을 더 많이 사용한 모양을 찾아 써 보세요.

( )

16 가와 나 중에서 모양을 모양보다 더 많이 사용한 모양을 찾아 써 보세요.

( )

AI가 뽑은 정답률 낮은 문제

17 , , 모양 중에서 계단으로 사용하기에 가장 어려운 모양을 찾아 ○표 하고, 그 이유를 설명해 보세요.

41쪽 유형 8

(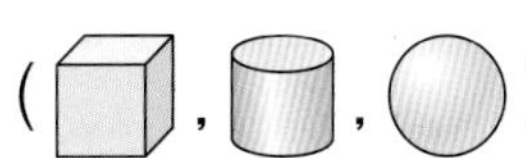)

이유

18 오른쪽 모양을 만드는 데 왼쪽의 보이는 모양을 몇 개 사용했는지 구해 보세요.

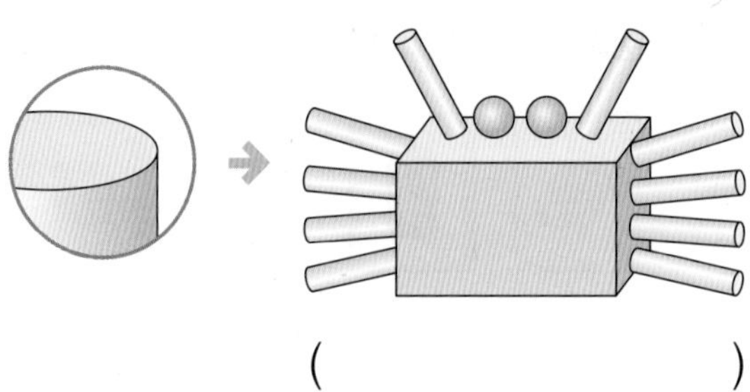

( )

AI가 뽑은 정답률 낮은 문제

19 어느 방향에서 바라보아도 모양인 물건은 모두 몇 개인지 구해 보세요.

43쪽 유형 11

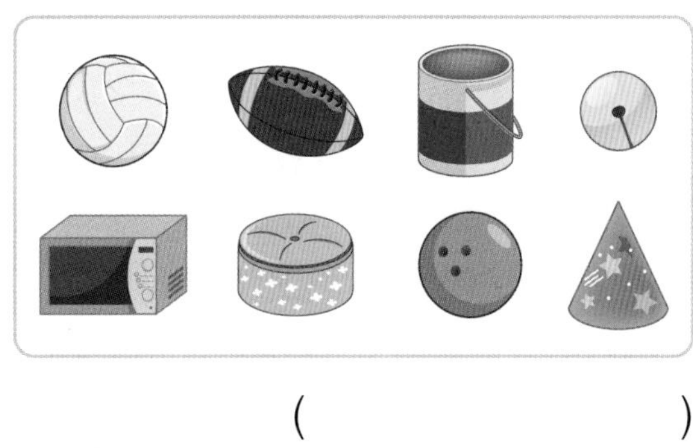

( )

20 준혁이는 모양 2개, 모양 4개, 모양 3개를 가지고 있습니다. 다음과 같은 모양을 만들기 위해서는 어떤 모양이 몇 개 더 필요한지 구해 보세요.

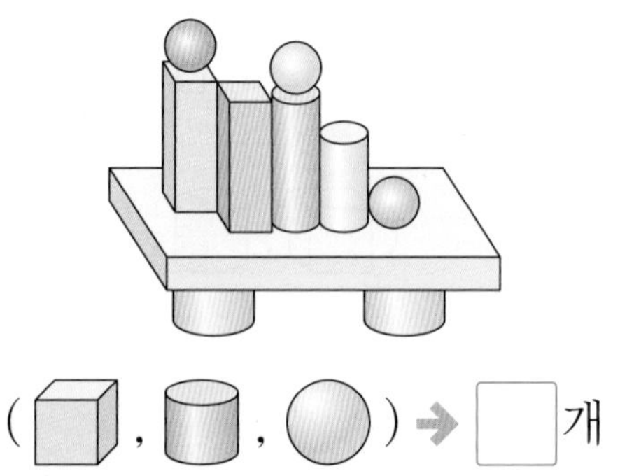

(, ,) → 개

점수

38~43쪽에서 같은 유형의 문제를 더 풀 수 있어요.

01 같은 모양끼리 모은 것에 ○표 해 보세요.

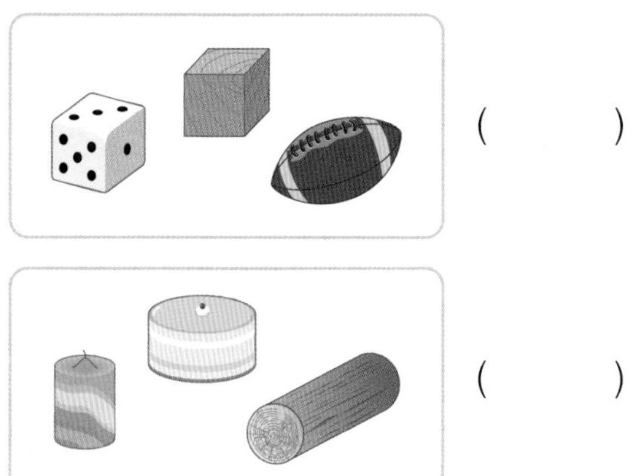

(　　　)

(　　　)

02~04 그림을 보고 물음에 답해 보세요.

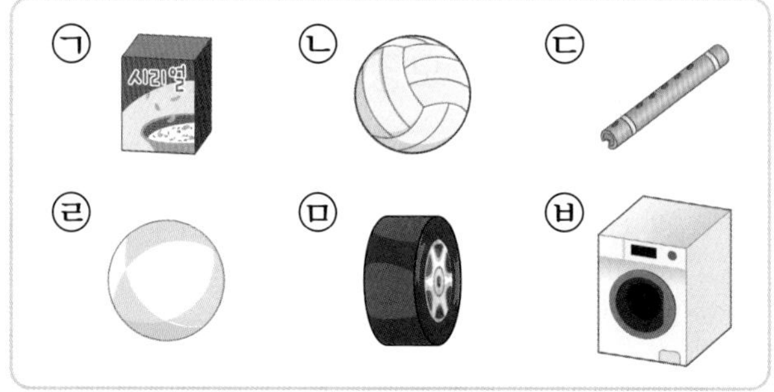

02 (상자 모양) 모양을 모두 찾아 기호를 써 보세요.

(　　　　　　　　　)

03 (둥근기둥 모양) 모양을 모두 찾아 기호를 써 보세요.

(　　　　　　　　　)

04 (공 모양) 모양을 모두 찾아 기호를 써 보세요.

(　　　　　　　　　)

05~06 민호와 혜진이가 공놀이를 하고 있습니다. 물음에 답해 보세요.

05 위의 공과 같은 모양을 모두 찾아 ○표 해 보세요.

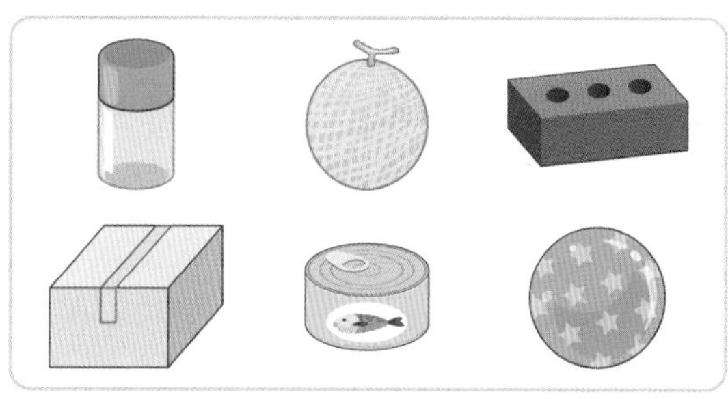

06 민호와 혜진이는 (공 모양) 모양을 '공 모양'이라고 부르기로 했습니다. (공 모양) 모양의 다른 이름을 지어 보세요.

(　　　　　　　　　)

AI가 뽑은 정답률 낮은 문제

07 다음 모양을 만드는 데 사용하지 않은 모양에 ○표 해 보세요.

38쪽 유형 1

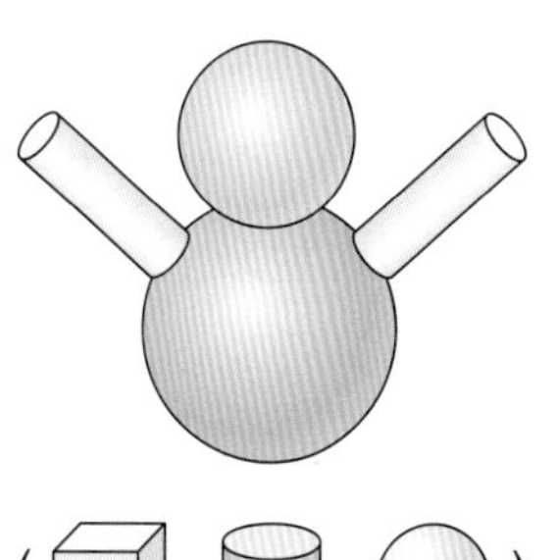

((상자 모양) , (둥근기둥 모양) , (공 모양))

08~09 기울어진 나무판에 다음과 같이 모양을 올려놓았습니다. 물음에 답해 보세요.

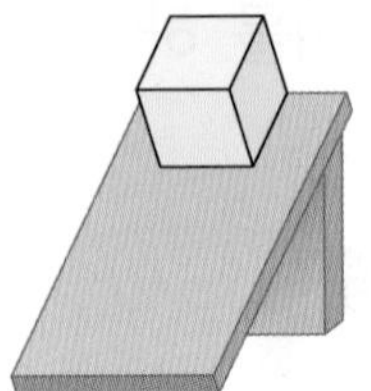  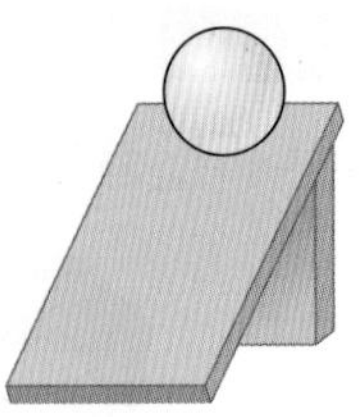

08 잘 굴러가지 않는 모양에 ○표 해 보세요.

(, ,)

09 모양을 눕혀서 굴릴 때와 세워서 굴릴 때의 차이점을 설명해 보세요.

( )

AI가 뽑은 정답률 낮은 문제

10 왼쪽 모양을 모두 사용하여 만든 모양을 오른쪽에서 찾아 선으로 이어 보세요.

42쪽 유형 9

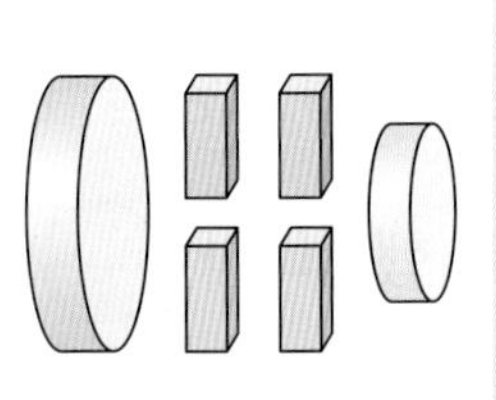 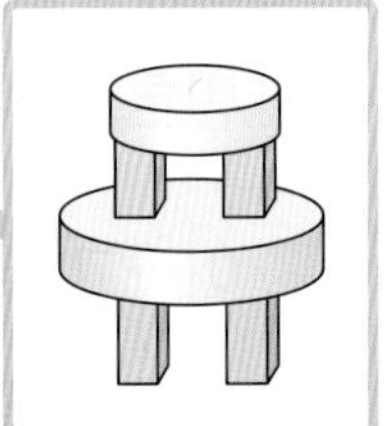

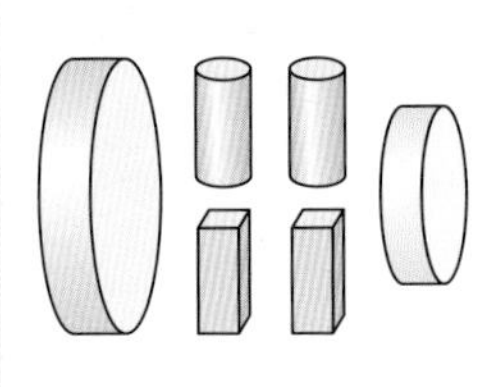 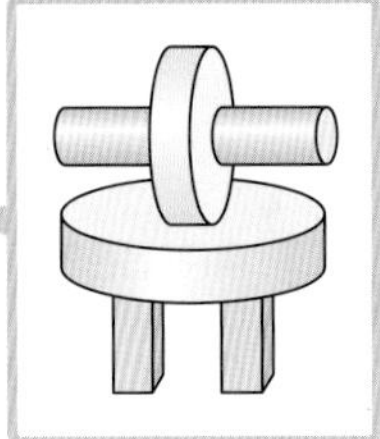

11 생활 주변에서 주사위와 같은 물건을 2개 찾아 써 보세요.

(,)

AI가 뽑은 정답률 낮은 문제

12 오른쪽 그림과 같은 북에는 평평한 부분이 모두 몇 군데 있는지 구해 보세요.

39쪽 유형 3

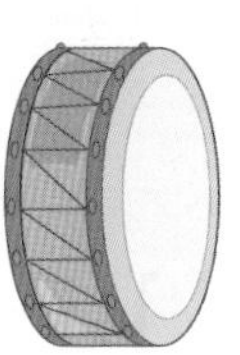

( )

13~14 선주와 진영이는 여러 가지 모양으로 놀이를 하고 있습니다. 물음에 답해 보세요.

13 선주는 모양을 2개 쌓았습니다. 3층에 쌓을 수 있는 모양에 모두 ○표 해 보세요. (단, 선주는 3층보다 더 높이 쌓으려고 합니다.)

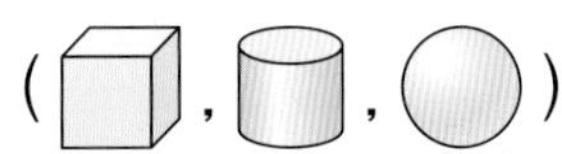

AI가 뽑은 정답률 낮은 문제

14 진영이는 모양 위에 모양을 쌓으려고 합니다. 어떤 일이 생길지 말해 보세요.

40쪽 유형 6

답

15~16 지은, 성훈, 한나가 만든 모양을 보고 물음에 답해 보세요.

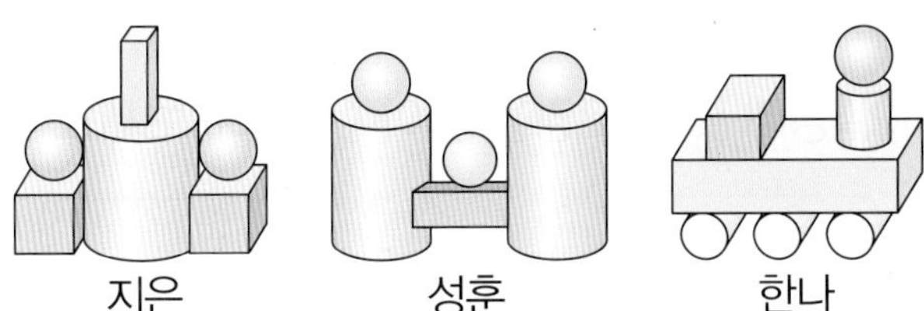

15 뾰족한 부분이 있는 모양을 가장 많이 사용하여 만든 사람은 누구인지 이름을 써 보세요.

( )

16 평평한 부분이 없는 모양을 가장 많이 사용하여 만든 사람은 누구인지 이름을 써 보세요.

( )

AI가 뽑은 정답률 낮은 문제 서술형

17 서로 다른 부분은 모두 몇 군데인지 구하고, 어느 부분이 다른지 설명해 보세요.

42쪽 유형10

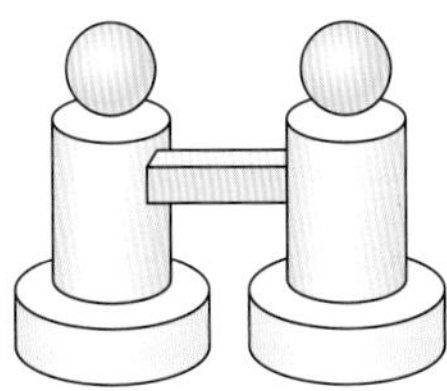
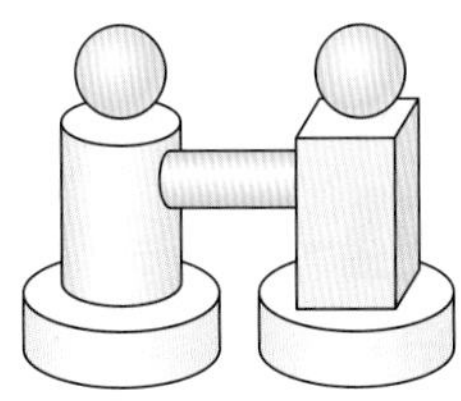

답

18 [상자] 모양을 위에서 손전등으로 비추면 [■] 모양의 그림자가 생깁니다. [원기둥] 모양을 위에서 손전등으로 비추었을 때 나타나는 그림자 모양을 그려 보세요.

19 그림과 같이 김밥 한 줄을 여덟 번 자르려고 합니다. 김밥 조각은 어떤 모양인지 알맞은 모양에 ○표 하고, 김밥 조각이 모두 몇 개 생기는지 구해 보세요.

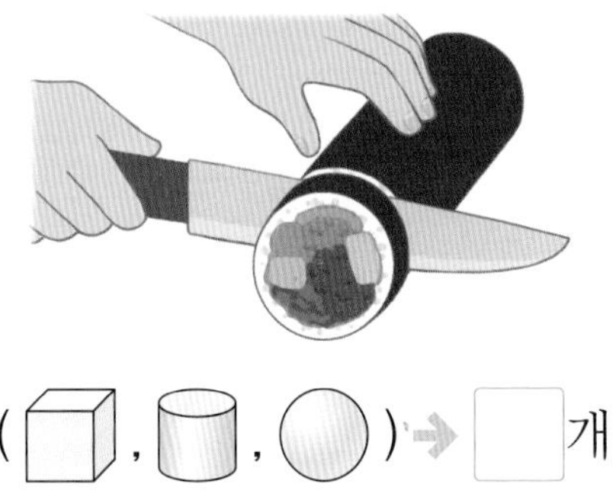

([상자], [원기둥], [공]) → [ ]개

AI가 뽑은 정답률 낮은 문제

20 규칙에 따라 모양을 놓았습니다. [ ] 안에 알맞은 모양과 같은 모양의 물건을 찾아 기호를 써 보세요.

43쪽 유형12

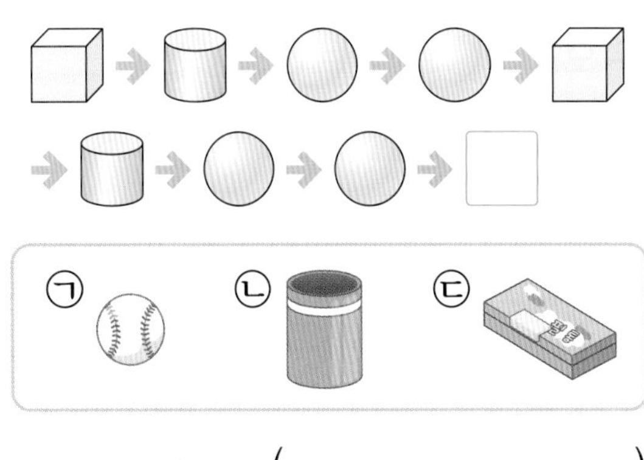

( )

1회 9번 | 4회 7번

유형 1 사용하지 않은 모양 찾기

다음 모양을 만드는 데 사용하지 않은 모양에 ○표 해 보세요.

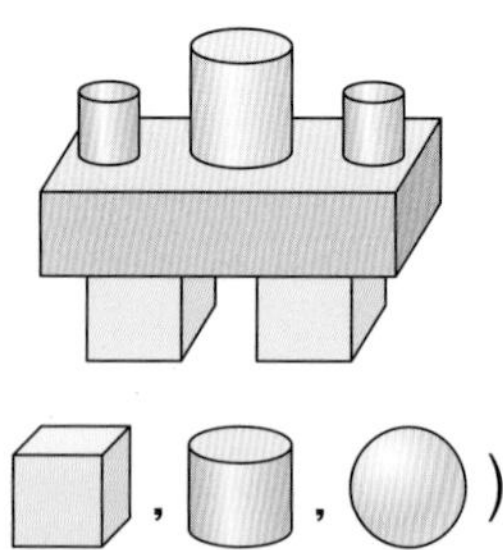

(, ,)

Tip 모양을 찾을 때에는 크기와 색깔은 생각하지 않아요.

1-1 다음 모양을 만드는 데 사용하지 않은 모양에 ○표 해 보세요.

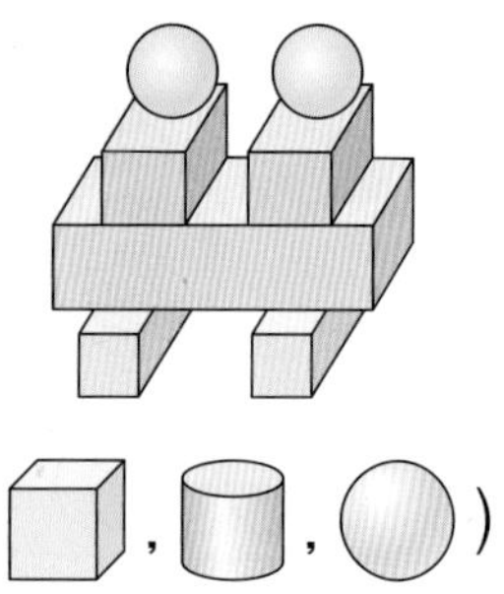

(, ,)

1-2 다음 모양을 만드는 데 사용하지 않은 모양에 ○표 해 보세요.

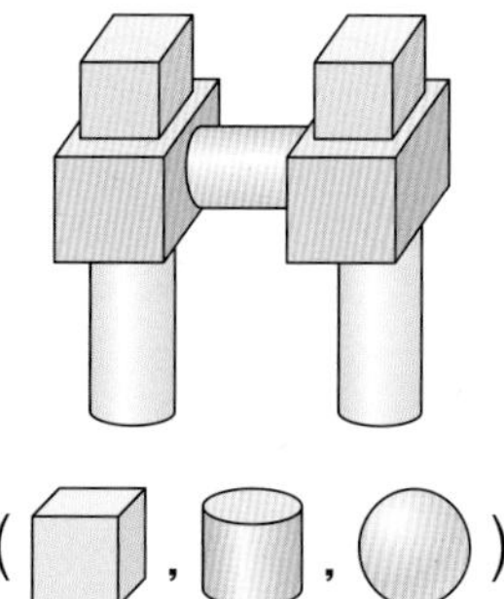

(, ,)

1회 10번 | 2회 11번 | 3회 11번

유형 2 설명에 맞는 모양 찾기

설명에 맞는 모양을 찾아 ○표 해 보세요.

뾰족한 부분이 있습니다.

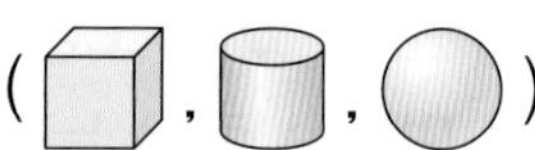

(, ,)

Tip 물체의 끝이 가늘어져 날카로운 부분이 있는 모양을 찾아요.

2-1 조건에 맞는 모양을 찾아 ○표 해 보세요.

조건
- 모든 부분이 둥급니다.
- 어느 방향으로도 잘 굴러갑니다.

(, ,)

2-2 선우가 찾고 있는 물건에 ○표 해 보세요.

2회 13번 4회 12번

유형 3 평평한 부분의 수 구하기

평평한 부분의 수가 가장 많은 모양에 ○표 해 보세요.

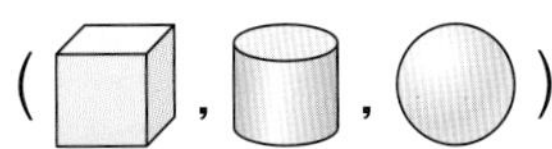

(, ,)

Tip 평평한 부분의 수를 각각 센 다음 수의 크기를 비교해요.

3-1 주사위에는 평평한 부분이 모두 몇 군데 있는지 구해 보세요.

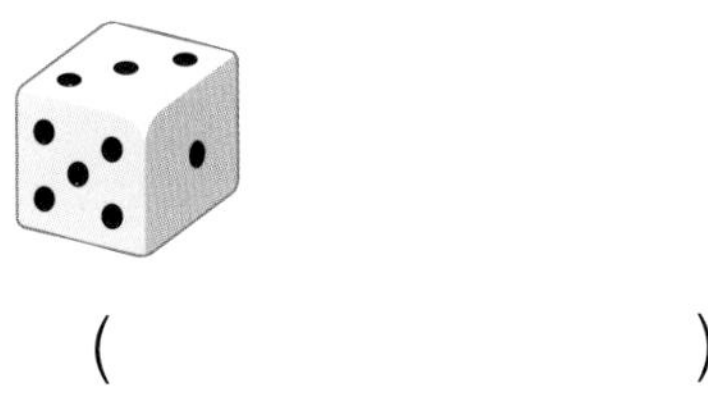

(   )

3-2 음료수 캔에는 평평한 부분이 모두 몇 군데 있는지 구해 보세요.

(   )

3-3 테니스공에는 평평한 부분이 모두 몇 군데 있는지 구해 보세요.

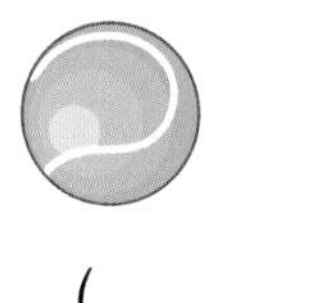

(   )

3회 13번

유형 4 두 모양을 만드는 데 모두 사용한 모양 찾기

두 모양을 만드는 데 모두 사용한 모양을 찾아 ○표 해 보세요.

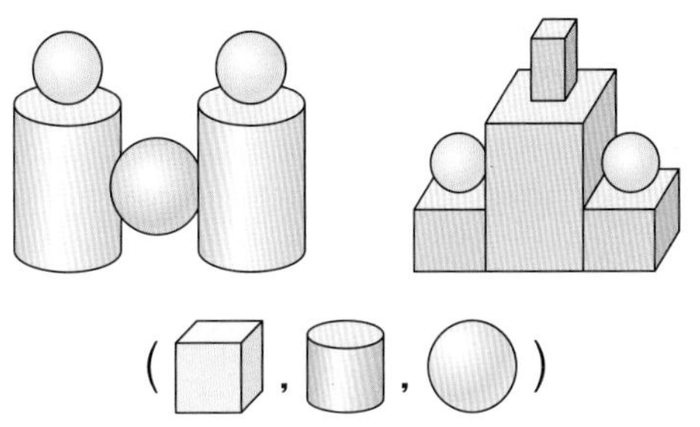

(, ,)

Tip 각각의 모양에서 사용한 모양을 찾은 다음 두 모양을 만드는 데 모두 사용한 모양을 찾아요.

4-1 두 모양을 만드는 데 모두 사용한 모양을 찾아 ○표 해 보세요.

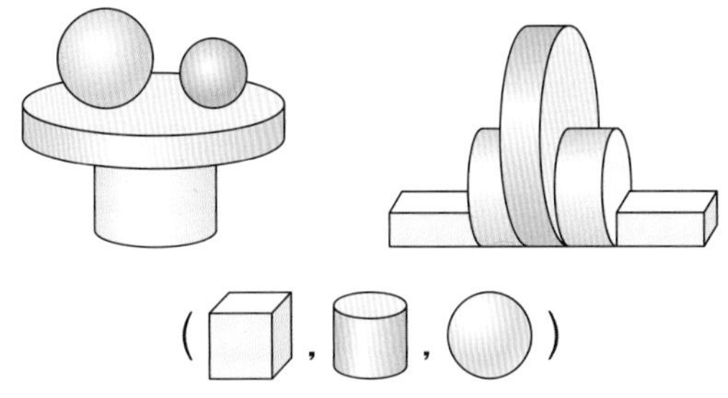

(, ,)

4-2 두 모양을 만드는 데 모두 사용한 모양을 찾아 ○표 해 보세요.

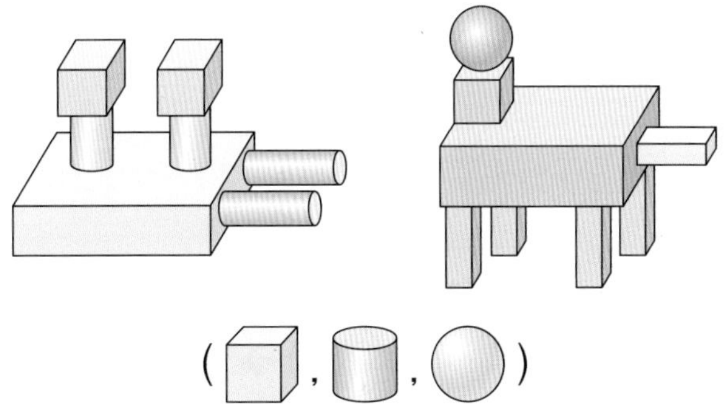

(, ,)

2 단원

3회 14번

유형 5 사용한 모양의 개수 비교하기

□, □, ○ 모양 중에서 가장 많이 사용한 모양에 ○표 해 보세요.

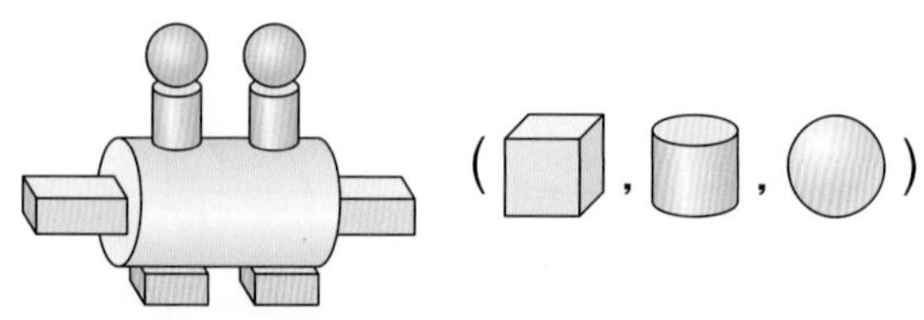

(□ , □ , ○)

Tip 개수를 각각 센 다음 수의 크기를 비교해요.

5-1 □, □, ○ 모양 중에서 가장 적게 사용한 모양에 ○표 해 보세요.

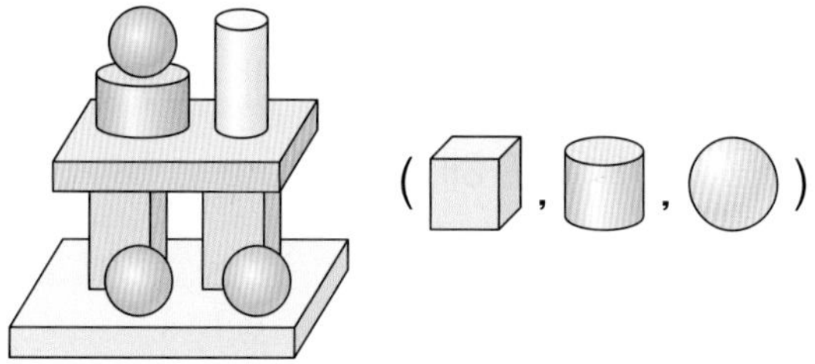

(□ , □ , ○)

5-2 □, □, ○ 모양 중에서 가장 많이 사용한 모양에 ○표 하고, 몇 개 사용했는지 □ 안에 알맞은 수를 써넣으세요.

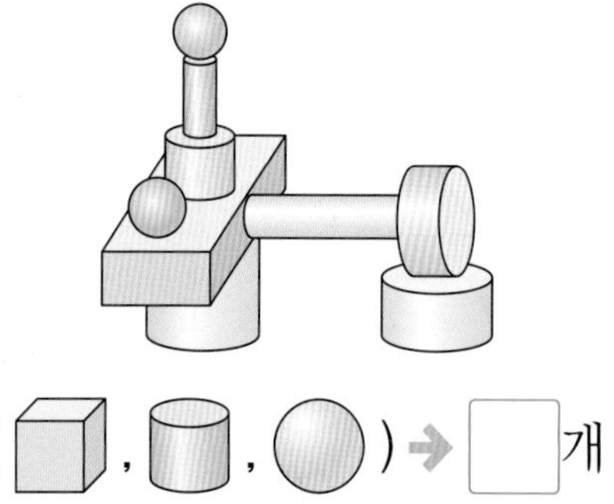

(□ , □ , ○) → □개

2회 14번 4회 14번

유형 6 상상하여 이야기하기

축구공이 □ 모양이 되면 어떤 일이 생길지 말해 보세요.

답

Tip □ 모양이 어떻게 구르는지 생각해 보고, 축구공의 모양이 변했을 때를 상상하여 이야기해요.

6-1 벽돌이 ○ 모양이 되면 어떤 일이 생길지 말해 보세요.

답

🔗 1회 15번 🔗 2회 15번

유형 7 일부분을 보고 알맞은 모양 찾기

오른쪽에 보이는 모양과 같은 모양의 물건은 모두 몇 개인지 구해 보세요.

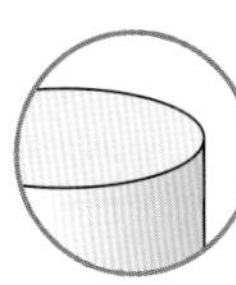

  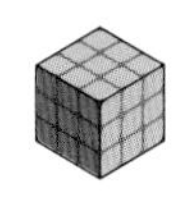  

( )

❶Tip 먼저 일부분을 보고 평평한 부분, 둥근 부분, 뾰족한 부분이 각각 있는지 찾아서 어떤 모양인지 구해요.

7-1 오른쪽에 보이는 모양과 같은 모양의 물건은 모두 몇 개인지 구해 보세요.

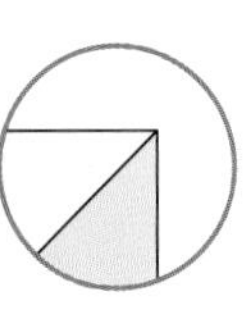

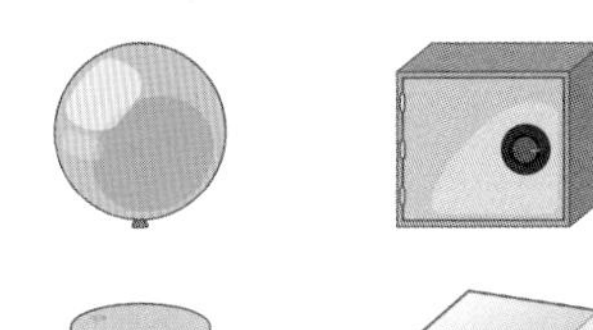 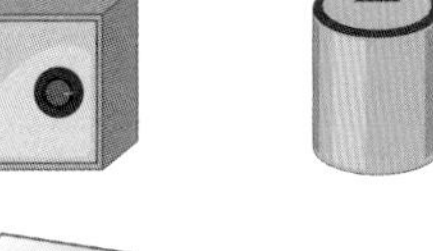

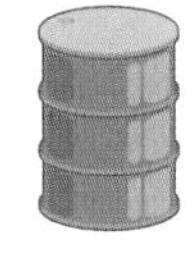  

( )

7-2 ◯ 모양의 물건을 가지고 있는 사람은 누구인지 이름을 써 보세요.

  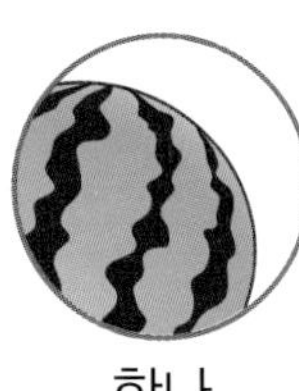 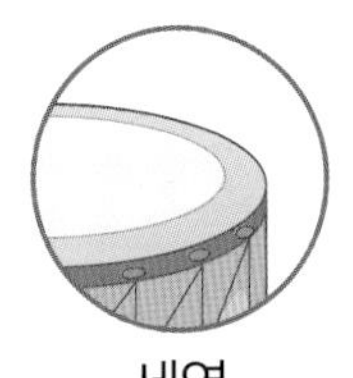

진형 한나 세연

( )

🔗 3회 17번

유형 8 상황에 알맞은 모양 찾기

□, ▯, ◯ 모양 중에서 자동차의 바퀴로 사용하기에 가장 알맞은 모양을 찾아 ○표 하고, 그 이유를 설명해 보세요.

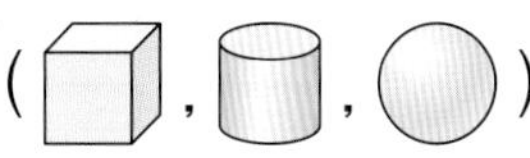

이유 ▶

❶Tip 자동차 바퀴의 용도를 생각하여 가장 알맞은 모양을 찾고, 그 이유를 써요.

8-1 □, ▯, ◯ 모양 중에서 3단 도시락통으로 사용할 수 없는 모양을 찾아 ○표 하고, 그 이유를 설명해 보세요.

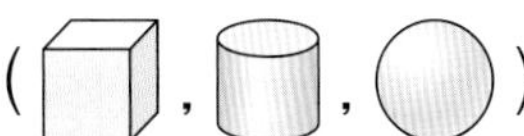

이유 ▶

8-2 □, ▯, ◯ 모양 중에서 운동회에 공 굴리기로 사용할 수 없는 모양을 찾아 ○표 하고, 그 이유를 설명해 보세요.

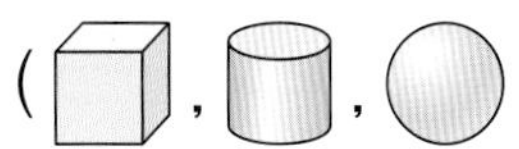

이유 ▶

2 단원

1회 17번 2회 16번 4회 10번

유형 9 주어진 모양을 모두 사용하여 만든 모양 찾기

보기의 모양을 모두 사용하여 만든 모양에 ○표 해 보세요.

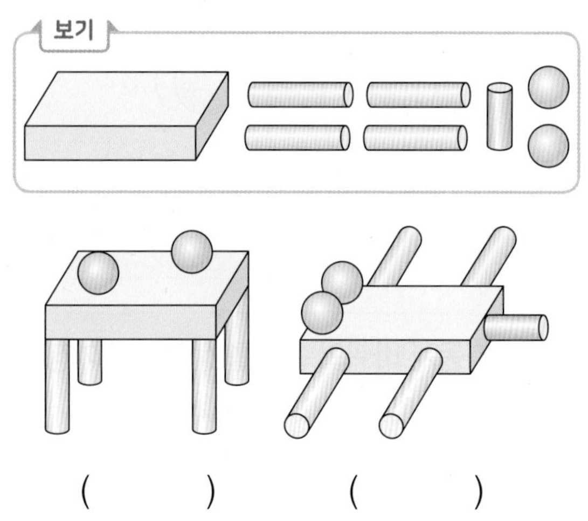

( ) ( )

Tip 사용하지 않은 모양이 있는지, 주어진 모양이 아닌 것이 있는지 찾아요.

9-1 위쪽 모양을 모두 사용하여 만든 모양을 아래쪽에서 찾아 선으로 이어 보세요.

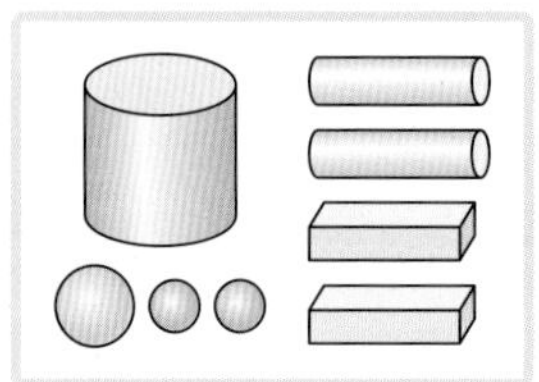

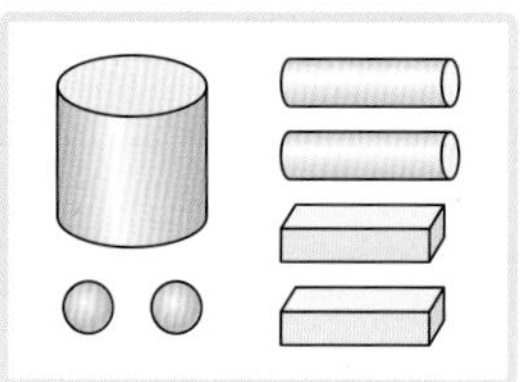

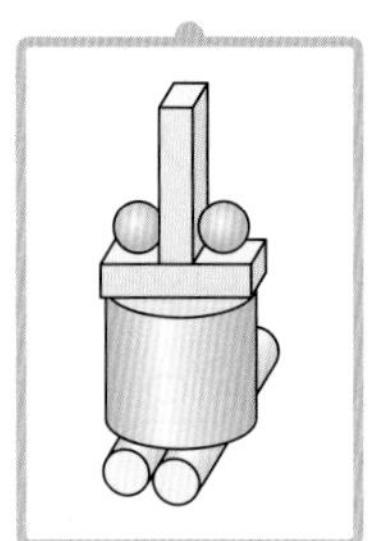

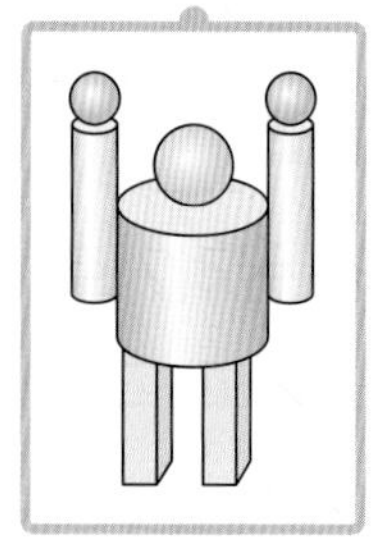

4회 17번

유형 10 서로 다른 부분 찾기

서로 다른 부분은 모두 몇 군데인지 구해 보세요.

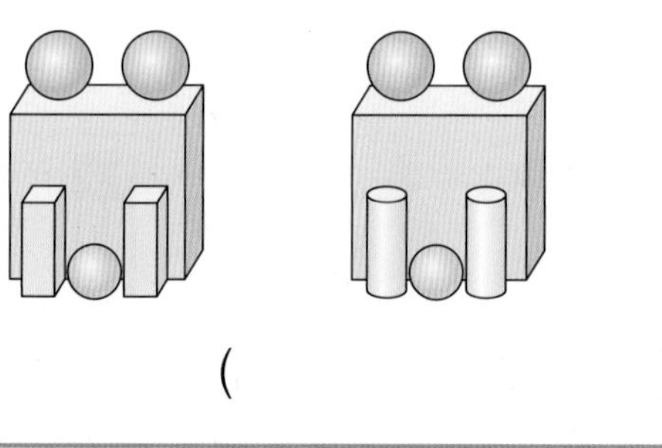

( )

Tip 색깔이 같아도 모양이 달라질 수 있는 것에 주의해요.

10-1 서로 다른 부분을 모두 찾아 ○표 해 보세요.

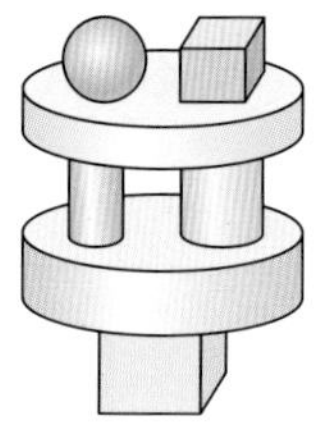

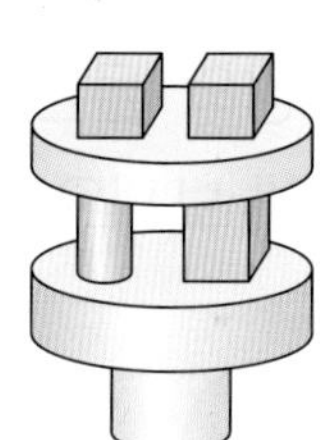

10-2 서로 다른 부분을 모두 찾아 ○표 하고, 어느 부분이 다른지 설명해 보세요.

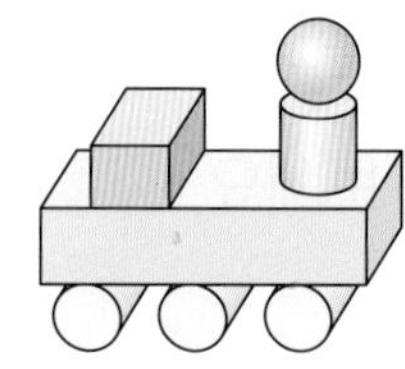

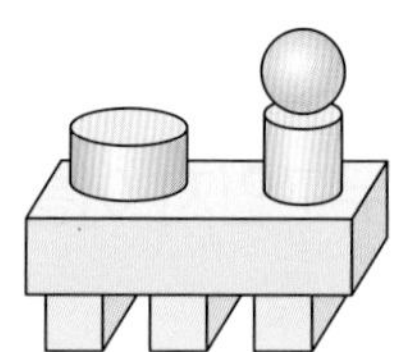

답

1회 20번 | 3회 19번

유형 11 여러 방향에서 본 모양 알아보기

위에서 바라본 모양이 ■ 모양인 물건은 모두 몇 개인지 구해 보세요.

( )

Tip

	상자 모양	둥근기둥 모양	공 모양
위에서 본 모양	■	●	●
앞 또는 옆에서 본 모양	■	■	●

11-1 앞에서 바라본 모양이 ● 모양인 물건은 모두 몇 개인지 구해 보세요.

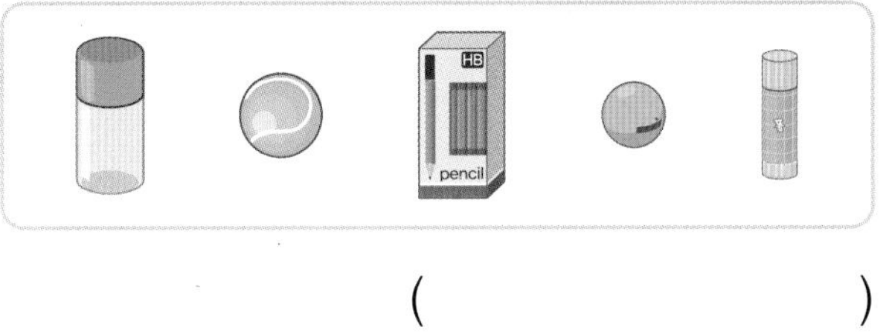

( )

11-2 앞에서 바라본 모양이 ■ 모양인 물건은 모두 몇 개인지 구해 보세요.

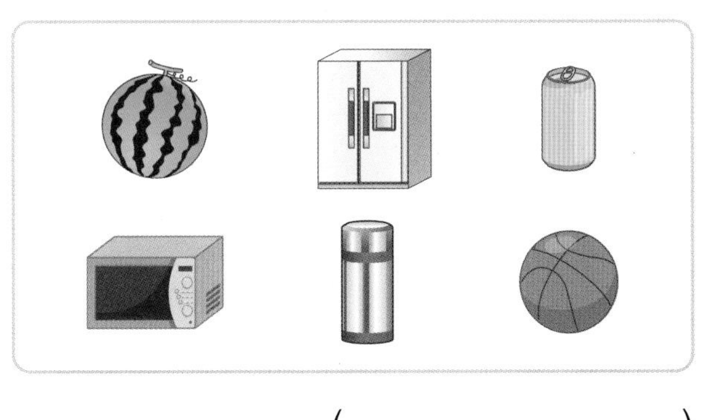

( )

4회 20번

유형 12 규칙에 따라 알맞은 모양 찾기

규칙에 따라 물건을 놓았습니다. 빈칸에 알맞은 모양의 물건은 어떤 모양의 물건인지 알맞은 모양을 찾아 ○표 해 보세요.

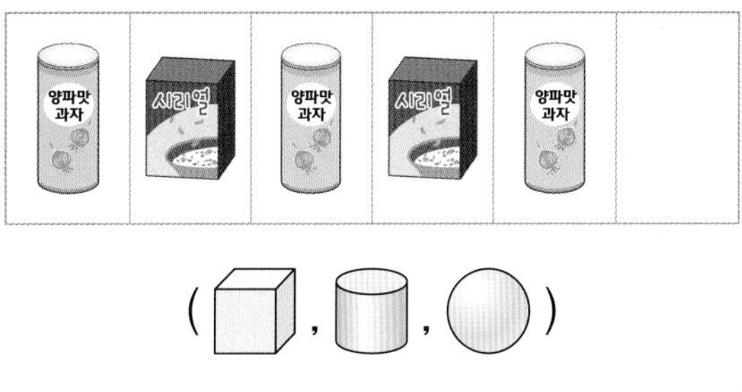

(, ,)

Tip 먼저 물건이 반복되는 규칙을 찾아요.

12-1 규칙에 따라 물건을 놓았습니다. 빈칸에 알맞은 모양의 물건은 어떤 모양의 물건인지 알맞은 모양을 찾아 ○표 해 보세요.

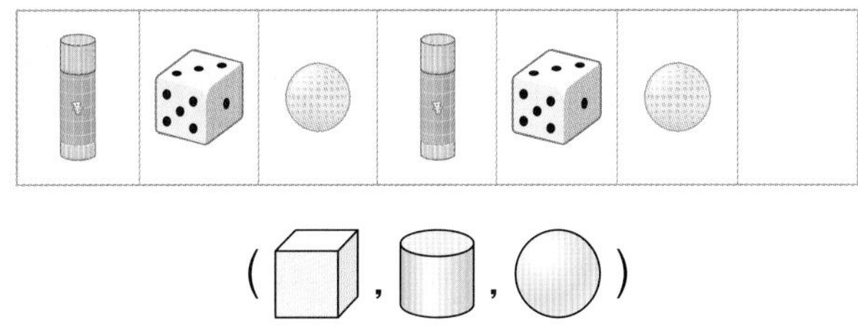

(, ,)

12-2 규칙에 따라 모양을 놓았습니다. □ 안에 알맞은 모양과 같은 모양의 물건을 찾아 기호를 써 보세요.

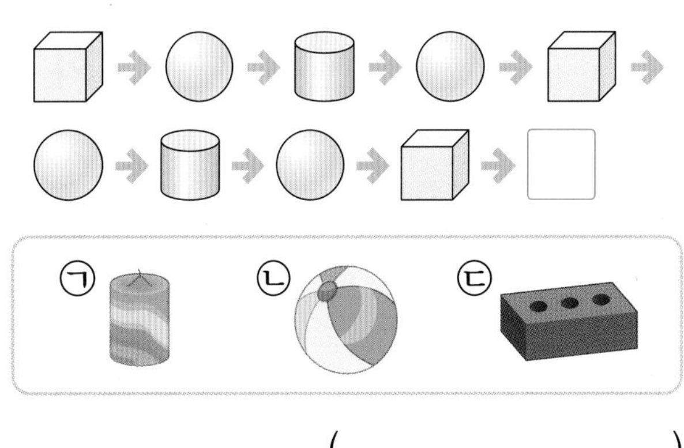

( )

3 덧셈과 뺄셈

개념 정리

3단원

덧셈과 뺄셈

개념 1 모으기와 가르기

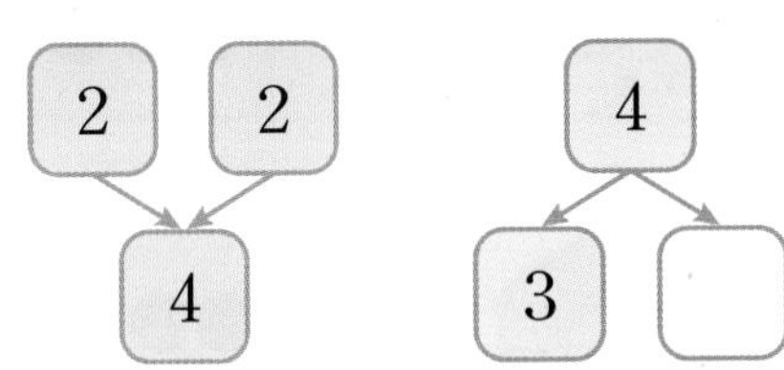

개념 2 이야기 만들기

• 벌과 나비를 모두 모으면 7마리입니다.

• 벌은 나비보다 □마리 더 많습니다.

개념 3 덧셈 알아보기

◆바둑돌 수의 합 구하기

쓰기 $2+1=$□

읽기 • 2 더하기 1은 3과 같습니다.

• 2와 1의 합은 3입니다.

개념 4 덧셈하기

◆3+2의 계산

방법① 3과 2를 모으기 하면 5이므로 $3+2=$□입니다.

방법② 3에서부터 4, 5로 이어 세었으므로 $3+2=5$입니다.

개념 5 뺄셈 알아보기

◆바둑돌 수의 차 구하기

쓰기 $2-1=$□

읽기 • 2 빼기 1은 1과 같습니다.

• 2와 1의 차는 1입니다.

개념 6 뺄셈하기

◆4−2의 계산

방법① 4는 2와 2로 가르기 할 수 있으므로 $4-2=$□입니다.

방법② 4에서부터 3, 2로 거꾸로 이어 세었으므로 $4-2=2$입니다.

개념 7 0이 있는 덧셈과 뺄셈

◆0+2, 2+0의 계산

$0+2=2$, $2+0=2$

참고

0+(어떤 수)=(어떤 수),
(어떤 수)+0=(어떤 수)

◆2−0, 2−2의 계산

$2-0=2$, $2-2=$□

참고

(어떤 수)−0=(어떤 수),
(어떤 수)−(어떤 수)=0

정답 ❶1 ❷1 ❸3 ❹5 ❺1 ❻2 ❼0

3 단원

점수

58~63쪽에서 같은 유형의 문제를 더 풀 수 있어요.

01~02 그림을 보고 모으기와 가르기를 해 보세요.

01

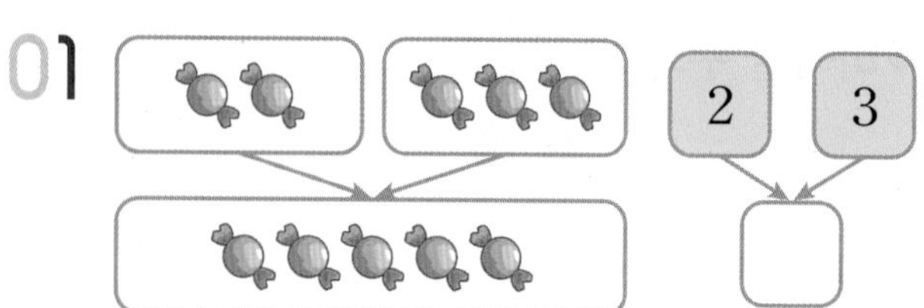

02

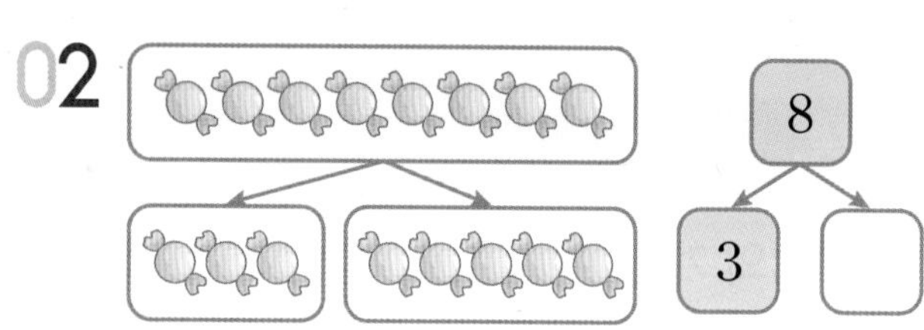

03 덧셈식을 보고 □ 안에 알맞은 말을 써넣으세요.

$3+6=9$

3 □ 6은 9와 같습니다.

3과 6의 □ 은/는 9입니다.

04 뺄셈식 $6-1$에 알맞은 그림에 ○표 해 보세요.

(   ) (   )

05 알맞은 것끼리 선으로 이어 보세요.

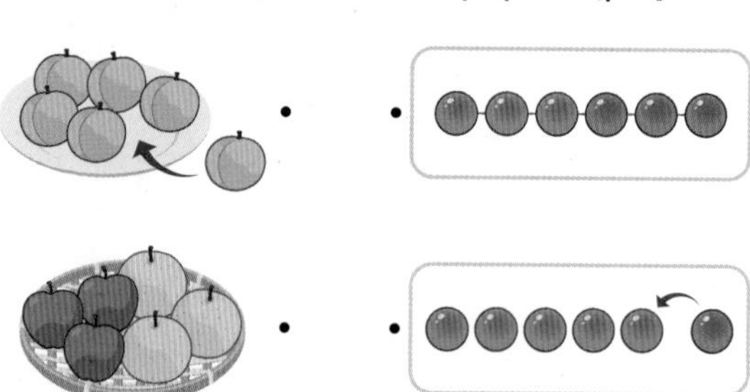

AI가 뽑은 정답률 낮은 문제

06 그림을 보고 뺄셈식으로 나타내어 보세요.

58쪽 유형 2

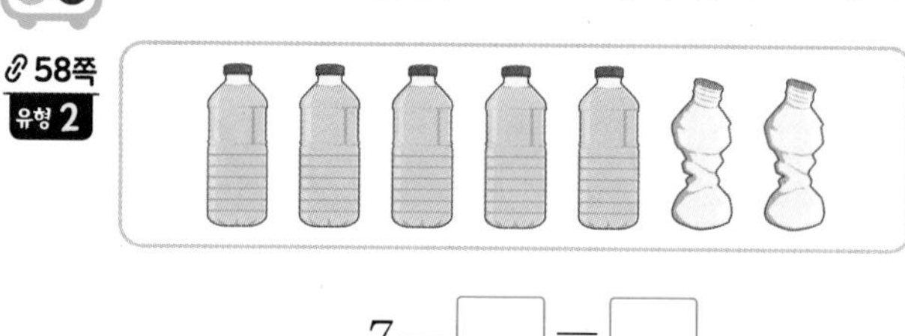

$7-$ □ $=$ □

07~08 민규는 초콜릿 5조각 중에서 3조각을 먹었습니다. 물음에 답해 보세요.

07 민규가 먹고 남은 초콜릿은 몇 조각인지 구하는 식을 찾아 기호를 써 보세요.

㉠ $5+3$　㉡ $5-3$
㉢ $5+2$　㉣ $5-2$

(   )

08 민규가 먹고 남은 초콜릿은 몇 조각인지 구해 보세요.

(   )

09 빈칸에 알맞은 수를 써넣으세요.

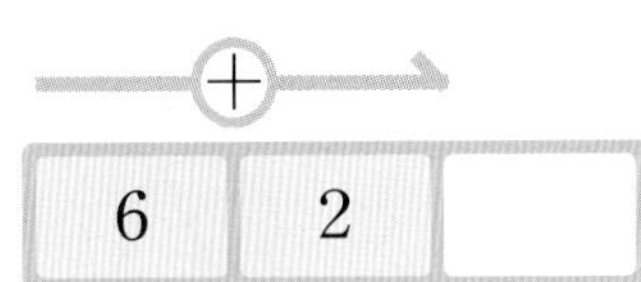

10~11 접시에 딸기가 7개 놓여 있습니다. 물음에 답해 보세요.

10 딸기와 바나나는 모두 몇 개 있는지 알맞은 덧셈식을 만들어 보세요.

$7+\square=\square$

11 딸기를 한 개도 먹지 않으면 몇 개의 딸기가 남게 되는지 알맞은 뺄셈식을 만들어 보세요.

$7-\square=\square$

12 9를 여러 가지 방법으로 가르기 해 보세요.

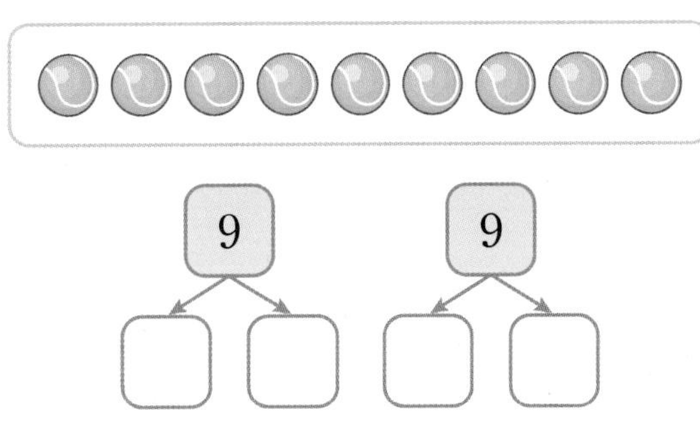

AI가 뽑은 정답률 낮은 문제

13 그림을 보고 덧셈에 관한 이야기를 만들어 보세요.

60쪽 유형 5

답

AI가 뽑은 정답률 낮은 문제

14 성호는 1층에서 엘리베이터를 타고 5개 층을 올라갔습니다. 성호가 지금 있는 곳은 몇 층인지 구해 보세요.

61쪽 유형 7

( )

15 □ 안에 공통으로 들어갈 수를 구해 보세요.

□+3=3　　6−6=□

(　　　　　　　　)

16 보기에서 계산 결과를 찾아 빈칸에 글자를 알맞게 써넣으세요.

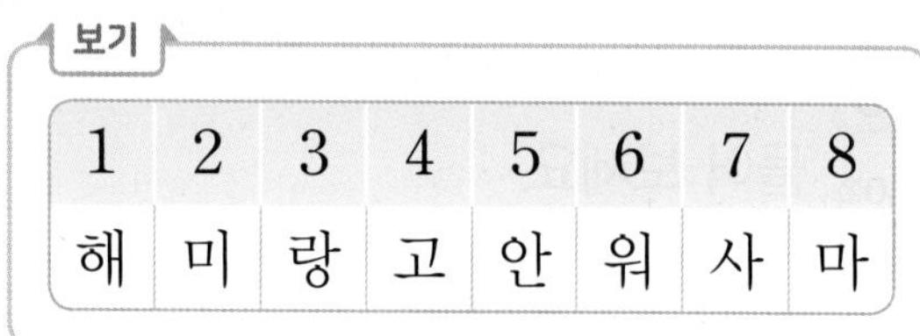

보기

1	2	3	4	5	6	7	8
해	미	랑	고	안	워	사	마

4+3	4−1	2−1

AI가 뽑은 정답률 낮은 문제　서술형

17 여러 번 모으기 할 때 ㉠에 알맞은 수는 얼마인지 풀이 과정을 쓰고 답을 구해 보세요.

60쪽 유형 6

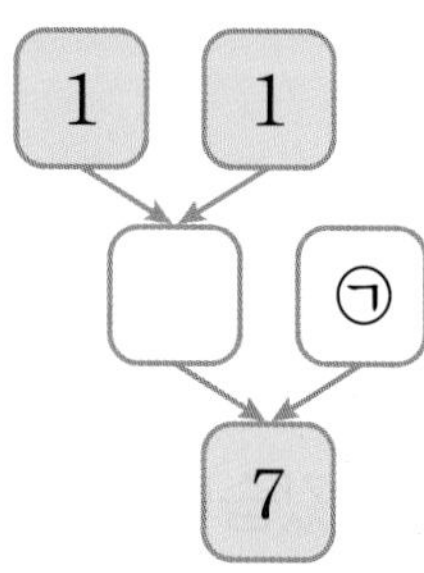

풀이

답

18 세 수를 한 번씩 모두 사용하여 덧셈식과 뺄셈식을 각각 1개씩 만들어 보세요.

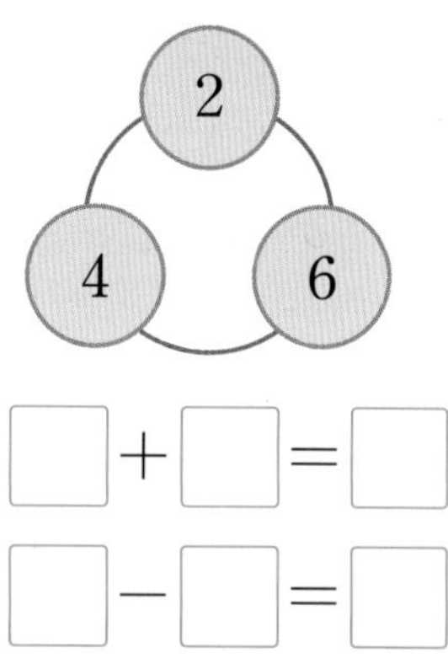

□+□=□

□−□=□

19 1부터 9까지의 수 중에서 다음 식의 계산 결과보다 큰 수를 모두 구해 보세요.

9−2

(　　　　　　　　)

AI가 뽑은 정답률 낮은 문제

20 수 카드 4장 중에서 2장을 골라 두 수의 합이 가장 큰 덧셈식을 만들려고 합니다. 이때의 합은 얼마인지 구해 보세요.

63쪽 유형 11

(　　　　　　　　)

점수

58~63쪽에서 같은 유형의 문제를 더 풀 수 있어요.

01 모으기를 해 보세요.

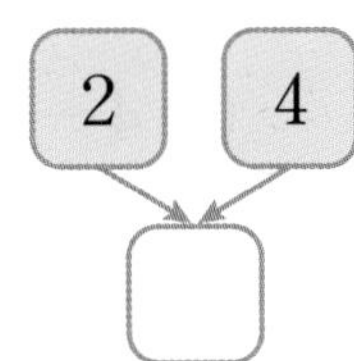

02 뺄셈식을 읽어 보세요.

$9-5=4$

(　　　　　　　　　　)

03~04 펼친 손가락은 모두 몇 개인지 구하려고 합니다. 물음에 답해 보세요.

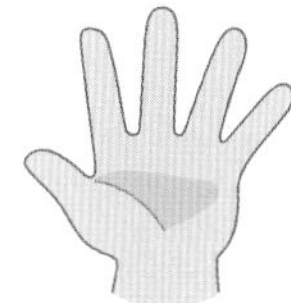
보자기

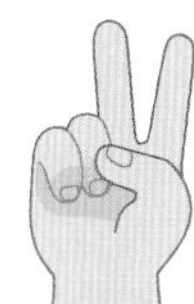
가위

03 십 배열판에 보자기에서 펼친 손가락의 수만큼 ○를 그렸습니다. 가위에서 펼친 손가락의 수만큼 △를 이어서 그려 보세요.

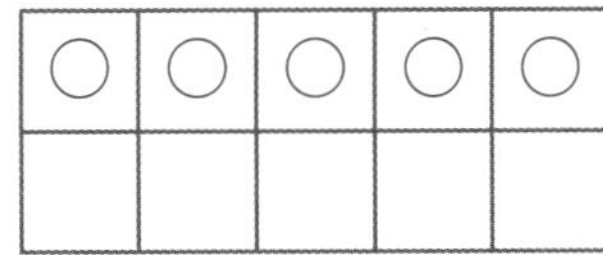

04 펼친 손가락은 모두 몇 개인지 □ 안에 알맞은 수를 써넣으세요.

$5+2=\square$

05 그림을 보고 □ 안에 알맞은 수를 써넣으세요.

사과 7개를 3개와 □개로 갈랐습니다.

06 계산을 해 보세요.

$3-2=\square$

07 수직선을 보고 덧셈식을 완성해 보세요.

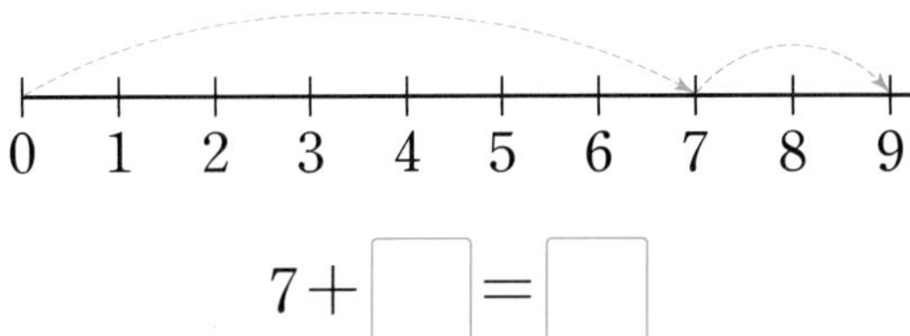

$7+\square=\square$

08 그림을 보고 바르게 말한 사람은 누구인지 이름을 써 보세요.

- 진서: 딸기 8개 중 아무것도 먹지 않으면 8개가 남습니다.
- 수호: 딸기 8개 중 8개를 모두 먹으면 0개가 남습니다.

(　　　　　　　　　　)

09 그림을 보고 □ 안에 알맞은 수를 써넣으세요.

$4+\square=\square$

AI가 뽑은 정답률 낮은 문제

10 계산 결과가 더 큰 것에 ○표 해 보세요.

59쪽 유형 3

$1+4$	$8-2$
(　　)	(　　)

AI가 뽑은 정답률 낮은 문제

11 그림을 보고 뺄셈에 관한 이야기를 만들려고 합니다. □ 안에 알맞은 수를 써넣으세요.

60쪽 유형 5

채소 가게에 배추가 □포기 있었는데 이 중에서 □포기를 팔았더니 □포기가 남았습니다.

12 잘못 계산한 것을 찾아 기호를 써 보세요.

㉠ $6+0=6$
㉡ $5-5=0$
㉢ $4-0=0$

(　　　　　)

AI가 뽑은 정답률 낮은 문제

13 가르기 하여 빈칸에 알맞은 수를 써넣으세요.

60쪽 유형 6

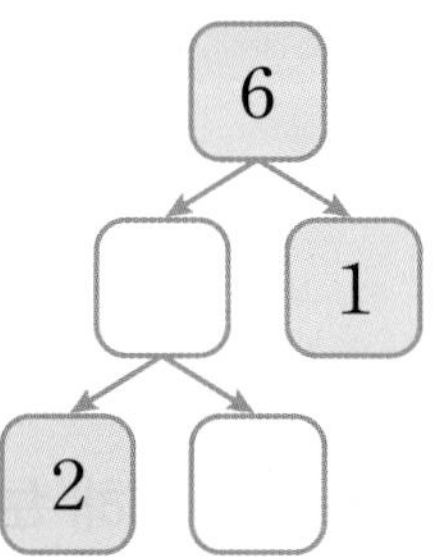

AI가 뽑은 정답률 낮은 문제 서술형

14 버스에 6명이 타고 있었습니다. 이번 정류장에서 더 타는 사람 없이 4명이 내렸습니다. 버스에 남은 사람은 몇 명인지 풀이 과정을 쓰고 답을 구해 보세요.

61쪽 유형 8

풀이

답

15~16 덧셈식을 보고 물음에 답해 보세요.

$1+2=\square$　　$2+1=\square$

$2+6=\square$　　$6+2=\square$

$3+4=\square$　　$4+3=\square$

15 위의 덧셈식을 계산해 보세요.

16 위의 덧셈식을 보고 알 수 있는 내용을 설명해 보세요.

답

17 모양별로 분류하여 □ 안에 알맞은 수를 써넣고, (구) 모양 물건은 (상자) 모양 물건보다 몇 개 더 많은지 뺄셈식을 써 보세요.

(상자) 모양: □개　(구) 모양: □개

$\square-\square=\square$

AI가 뽑은 정답률 낮은 문제

18 차가 같도록 뺄셈식을 만들려고 합니다. □ 안에 알맞은 수를 써넣으세요.

62쪽 유형10

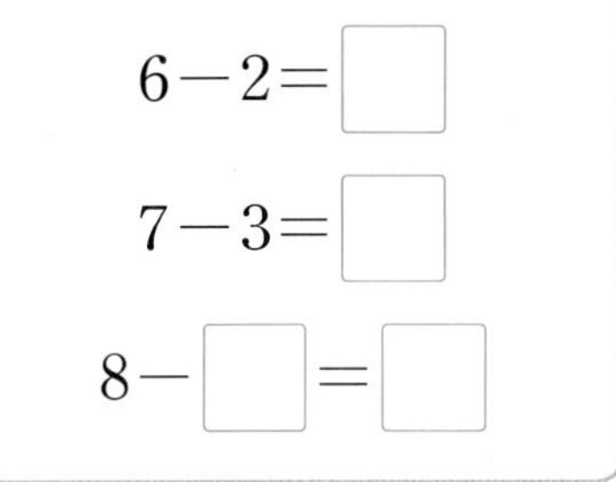

$6-2=\square$

$7-3=\square$

$8-\square=\square$

19 □ 안에 알맞은 수를 써넣으세요.

$0+0=9-\square$

AI가 뽑은 정답률 낮은 문제

20 은호와 애나가 각각 수 카드를 1장씩 가지고 있습니다. 은호와 애나가 가진 수 카드의 수를 차례대로 써 보세요. (단, 수 카드의 수는 0보다 더 큽니다.)

63쪽 유형12

- 은호: 내 카드의 수가 더 작아!
- 애나: 두 수를 모으기 하면 4야!

(　　　　,　　　　)

3 단원

점수

58~63쪽에서 같은 유형의 문제를 더 풀 수 있어요.

01 가르기를 해 보세요.

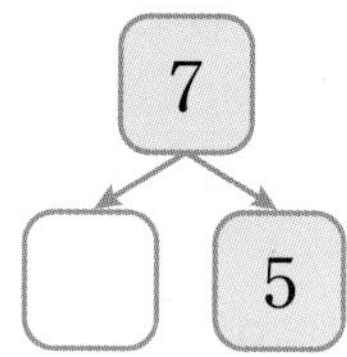

02 다음을 덧셈식으로 나타내어 보세요.

6 더하기 1은 7과 같습니다.

식

03~04 현우는 도넛 6개 중에서 5개를 먹었습니다. 물음에 답해 보세요.

03 도넛 6개 중에서 현우가 먹은 도넛의 수만큼 /으로 그어 보세요.

04 남은 도넛은 몇 개인지 □ 안에 알맞은 수를 써넣으세요.

6－□＝□

AI가 뽑은 정답률 낮은 문제

05 그림을 보고 덧셈식으로 나타내어 보세요.

58쪽 유형 1

1＋□＝□

06~07 그림을 보고 이야기를 만들려고 합니다. 물음에 답해 보세요.

06 덧셈식에 관한 이야기를 완성하려고 합니다. □ 안에 알맞은 수를 써넣으세요.

강아지 4마리와 고양이 □마리가 있으므로 강아지와 고양이는 모두 □마리입니다.

07 뺄셈식에 관한 이야기를 완성하려고 합니다. □ 안에 알맞은 수를 써넣으세요.

강아지 4마리와 고양이 □마리가 있으므로 강아지는 고양이보다 □마리 더 많습니다.

08 계산해 보세요.

$$8+1=\square$$

09 빈칸에 알맞은 수를 써넣으세요.

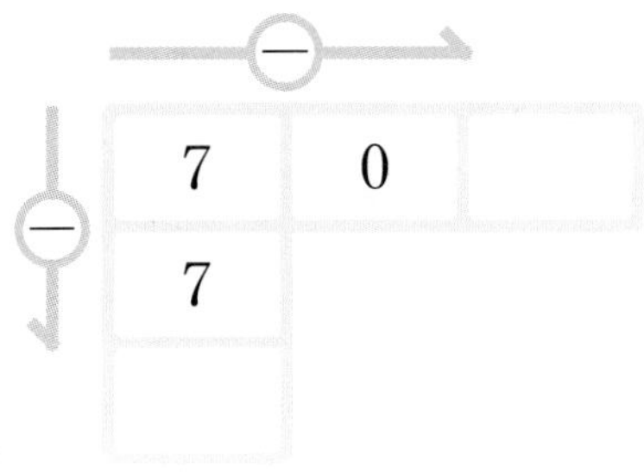

10 계산 결과가 같은 것끼리 선으로 이어 보세요.

$1+7$	$1+8$
$4+1$	$0+5$
$5+4$	$4+4$

AI가 뽑은 정답률 낮은 문제 서술형

11 계산 결과가 작은 것부터 차례대로 기호를 쓰려고 합니다. 풀이 과정을 쓰고 답을 구해 보세요.

59쪽 유형 3

㉠ $1+6$ ㉡ $2+7$ ㉢ $3+2$

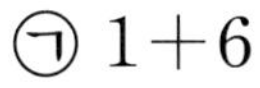 풀이

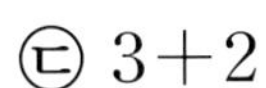 답

12 가장 큰 수에서 가장 작은 수를 뺀 값은 얼마인지 구해 보세요.

7 8 1 6

( )

AI가 뽑은 정답률 낮은 문제

13 ◯ 안에 $+$, $-$를 알맞게 써넣으세요.

59쪽 유형 4

$0 \bigcirc 9=9$

AI가 뽑은 정답률 낮은 문제

14 놀이터에 남자 어린이 4명과 여자 어린이 2명이 어울려서 놀고 있습니다. 놀이터에서 놀고 있는 어린이는 모두 몇 명인지 구해 보세요.

61쪽 유형 7

( )

15~16 산가지로 수를 나타내는 방법을 보고 물음에 답해 보세요.

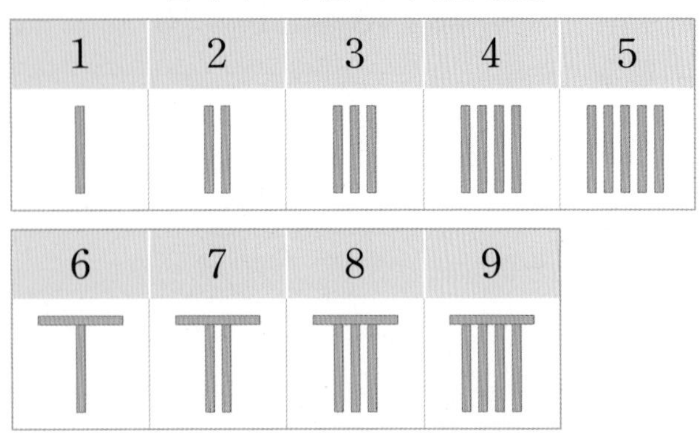

15 덧셈을 해 보세요.

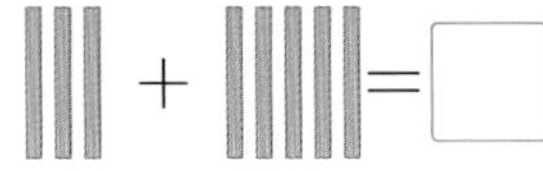

16 뺄셈을 해 보세요.

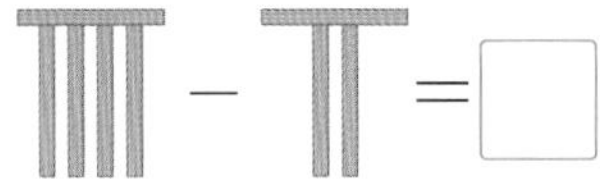

AI가 뽑은 정답률 낮은 문제 서술형

17 차가 같도록 뺄셈식을 만들려고 합니다. □ 안에 알맞은 수는 얼마인지 풀이 과정을 쓰고 답을 구해 보세요.

62쪽 유형10

4−1 5−2 □−3

풀이

답

18 이웃한 두 수를 모으기 하여 8이 되도록 두 수를 모두 묶어 보세요.

5	3	1
0	4	2
7	1	6

AI가 뽑은 정답률 낮은 문제

19 수 카드 4장 중에서 2장을 골라 뺄셈식을 완성해 보세요.

63쪽 유형11

2 4 7 9

□−□=3

20 6을 가르기 한 두 수의 차가 2일 때, 두 수는 각각 얼마인지 작은 수부터 차례대로 써 보세요.

(,)

점수

58~63쪽에서 같은 유형의 문제를 더 풀 수 있어요.

01 뺄셈식 $3-1=2$를 보기와 다른 방법으로 읽어 보세요.

보기

3 빼기 1은 2와 같습니다.

(　　　　　　　　　　　　)

02 덧셈식으로 나타냈을 때 나머지와 다른 하나를 찾아 기호를 써 보세요.

㉠ 2 더하기 2는 4와 같습니다.
㉡ $2+2=4$
㉢ 2와 4의 합은 6입니다.

(　　　　　　)

03 알맞은 것끼리 선으로 이어 보세요.

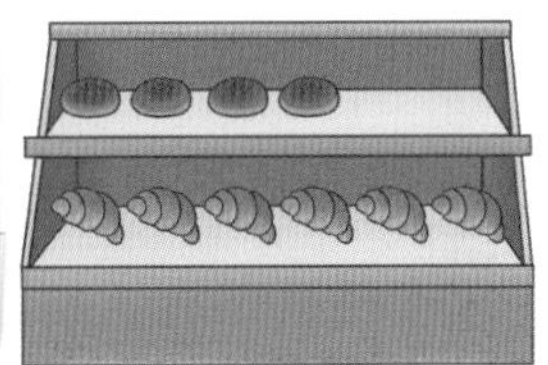

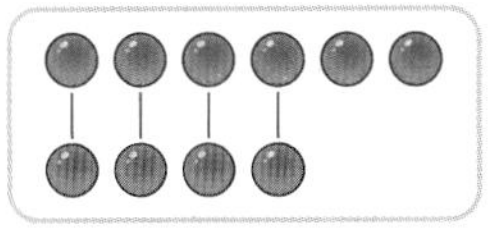
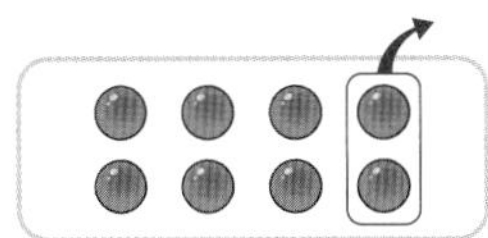

04 그림을 보고 □ 안에 알맞은 수를 써넣으세요.

고구마 4개와 5개를 모았더니
고구마는 모두 □개입니다.

05 수직선을 보고 뺄셈식을 만들어 보세요.

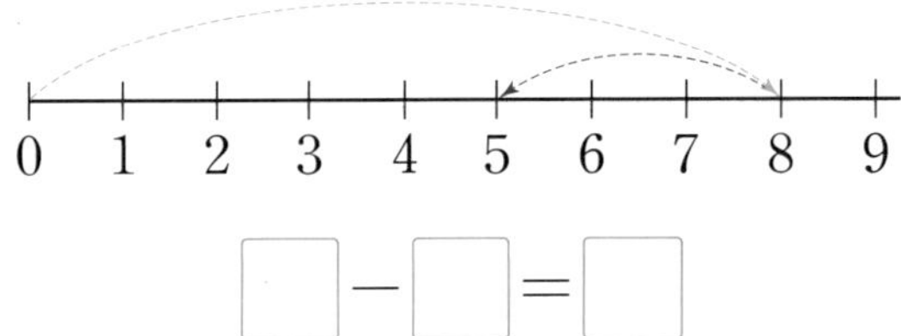

□－□＝□

06 그림을 보고 뺄셈식을 만들어 보세요.

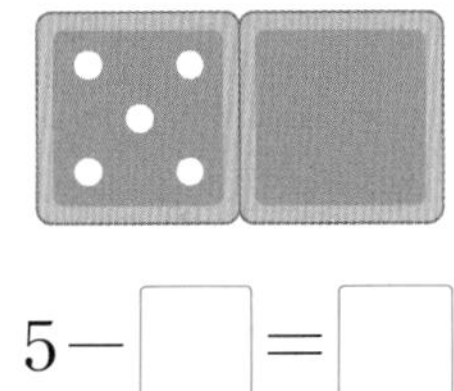

5－□＝□

07 보기와 같은 방법으로 두 가지 색으로 칸을 칠하고 빈칸에 알맞은 수를 써넣으세요.

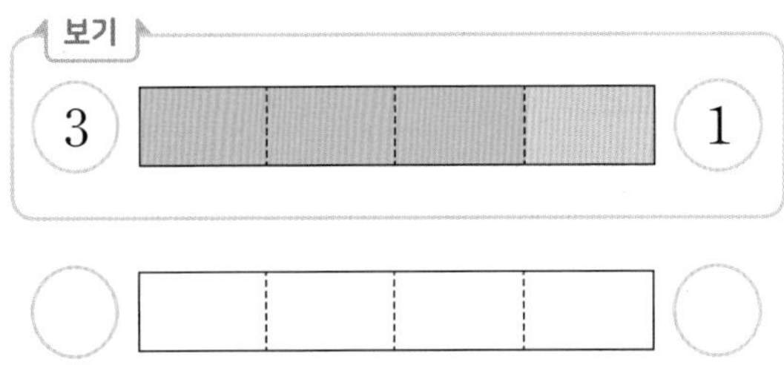

3 단원

08 빈칸에 두 수의 차를 써넣으세요.

09 점 6개를 가르기 하여 그려 보세요.

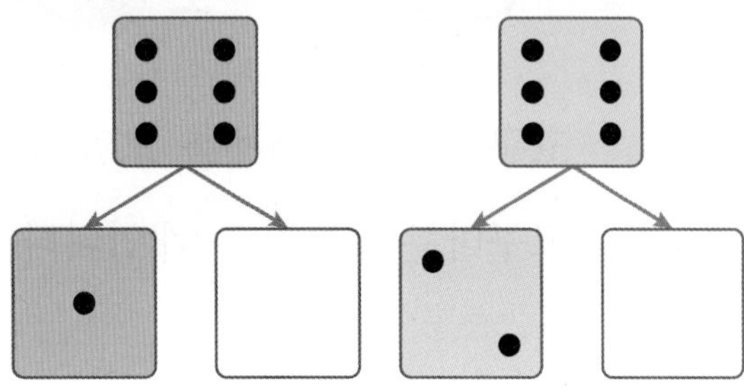

10~11 그림을 보고 물음에 답해 보세요.

10 그림에 알맞은 덧셈식을 쓰고, 읽어 보세요.

□+□=□

(　　　　　　　　　　)

11 그림에 알맞은 뺄셈식을 쓰고, 읽어 보세요.

□−□=□

(　　　　　　　　　　)

AI가 뽑은 정답률 낮은 문제

12 ○ 안에 +, −를 알맞게 써넣으세요.

59쪽 유형4

4 ○ 4=0

13 합이 9가 되는 두 수를 묶어 보세요.

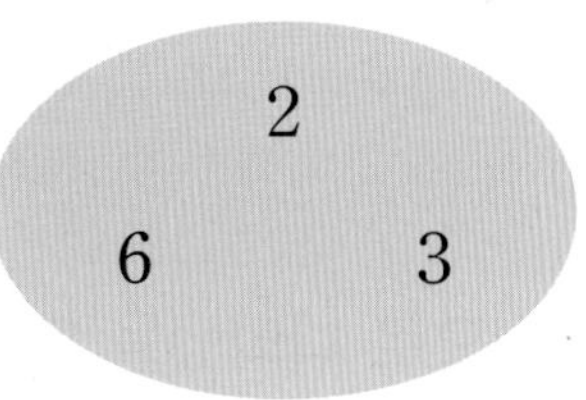

서술형

14 민아는 과녁판에 화살을 2개 쏘아서 다음과 같이 맞혔습니다. 민아가 화살을 쏘아 맞힌 점수는 모두 몇 점인지 풀이 과정을 쓰고 답을 구해 보세요.

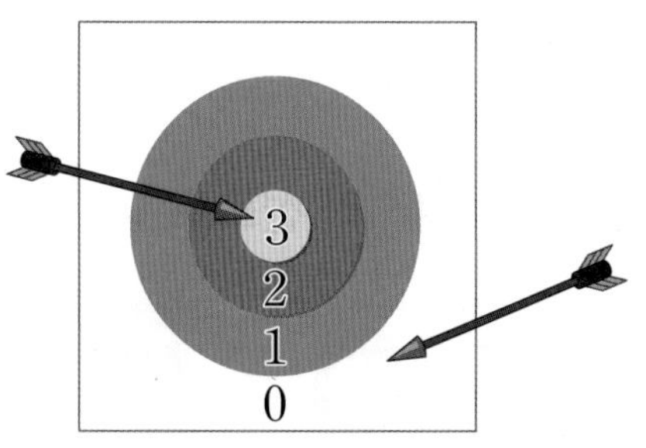

풀이

답

AI가 뽑은 정답률 낮은 문제

15 기영이가 제기차기를 3회 해서 성공한 횟수를 나타낸 표입니다. 기영이가 제기차기를 성공한 횟수는 모두 몇 회인지 구해 보세요.

61쪽 유형 7

회	1회	2회	3회
횟수(회)	4	0	2

( )

AI가 뽑은 정답률 낮은 문제

16 합이 같도록 덧셈식을 만들려고 합니다.  안에 알맞은 수를 써넣으세요.

62쪽 유형 9

3+4=□

4+3=□

□+2=□

17 재용이와 혜진이가 주사위 2개를 동시에 던졌더니 다음과 같았습니다. 나온 눈의 수의 합이 더 큰 사람은 누구인지 구해 보세요.

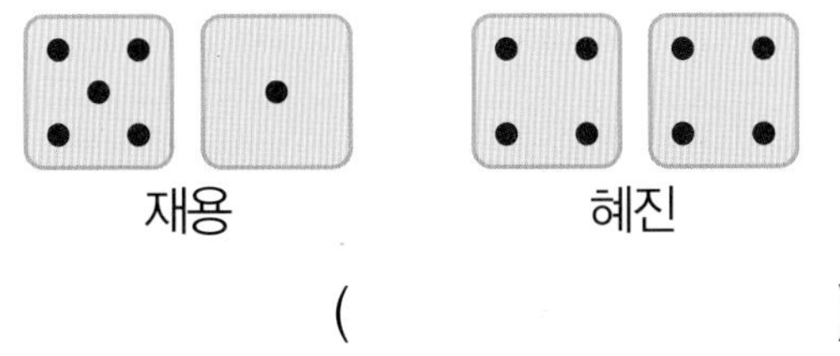

( )

AI가 뽑은 정답률 낮은 문제

18 맨 윗줄에 1, 2, 3을 알맞게 써넣어 9가 되도록 모으기 해 보세요.

60쪽 유형 6

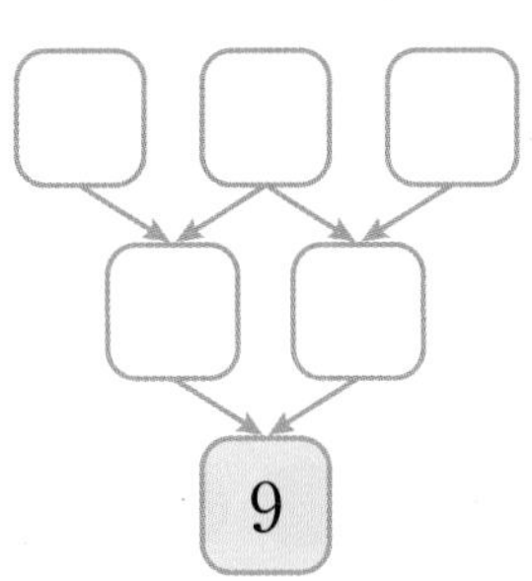

AI가 뽑은 정답률 낮은 문제

19 수 카드 4장 중에서 2장을 골라 두 수의 차가 가장 큰 뺄셈식을 만들려고 합니다. 이때의 차는 얼마인지 풀이 과정을 쓰고 답을 구해 보세요.

63쪽 유형 11

  7 9

풀이

답

20 같은 모양이 같은 수를 나타낼 때 ★에 알맞은 수는 얼마인지 구해 보세요.

●+●=2

7−●=♥

★+♥=9

( )

3회 5번

유형 1 그림을 보고 덧셈식으로 나타내기

그림을 보고 덧셈식으로 나타내어 보세요.

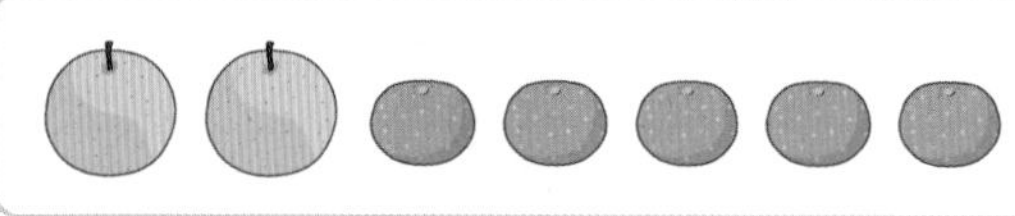

□+□=□

Tip 덧셈 상황을 이해하여 알맞은 덧셈식으로 나타내요.

1-1 그림을 보고 덧셈식으로 나타내어 보세요.

식

1-2 그림을 보고 참새는 모두 몇 마리인지 덧셈식으로 나타내어 보세요.

식

1회 6번

유형 2 그림을 보고 뺄셈식으로 나타내기

그림을 보고 남은 사과는 몇 개인지 뺄셈식으로 나타내어 보세요.

□−□=□

Tip 뺄셈 상황을 이해하여 알맞은 뺄셈식으로 나타내요.

2-1 그림을 보고 불이 켜진 초는 몇 개 남았는지 뺄셈식으로 나타내어 보세요.

식

2-2 그림을 보고 남은 참새는 몇 마리인지 뺄셈식으로 나타내어 보세요.

식

2회 10번 3회 11번

유형 3 계산 결과의 크기 비교하기

계산 결과가 더 큰 것에 ○표 해 보세요.

6+2	1+8
(　　)	(　　)

Tip 먼저 계산한 다음 계산 결과의 크기를 비교해요.

3-1 계산 결과가 더 작은 것에 ○표 해 보세요.

4−1	8−6
(　　)	(　　)

3-2 계산 결과가 가장 큰 것은 어느 것인가요? (　　)

① 1+2　② 3+3　③ 7+1
④ 5−1　⑤ 9−0

3-3 계산 결과가 큰 것부터 차례대로 기호를 써 보세요.

㉠ 3+2　㉡ 6+1
㉢ 6−4　㉣ 9−6

(　　　　　　)

3회 13번 4회 12번

유형 4 ○ 안에 알맞은 기호 써넣기

○ 안에 +, −를 알맞게 써넣으세요.

0 ○ 7=7

Tip 0과 어떤 수를 더하면 어떤 수가 돼요.

4-1 ○ 안에 +, −를 알맞게 써넣으세요.

5 ○ 0=5

4-2 ○ 안에 +, −를 알맞게 써넣으세요.

3 ○ 3=0

4-3 ○ 안에 알맞은 기호가 다른 식을 만든 사람은 누구인지 이름을 써 보세요.

- 진호: 1 ○ 1=2
- 세연: 0 ○ 1=1
- 우빈: 1 ○ 1=0

(　　　　　　)

1회 13번 2회 11번

유형 5 그림을 보고 이야기 만들기

연못에 거위와 오리가 있습니다. 그림을 보고 덧셈 또는 뺄셈에 관한 이야기를 만들어 보세요.

답▶

ⓘTip 그림을 보고 덧셈식 또는 뺄셈식에 어울리는 이야기를 만들어요.

5-1 그림을 보고 덧셈 또는 뺄셈에 관한 이야기를 만들어 보세요.

답▶

5-2 그림을 보고 덧셈 또는 뺄셈에 관한 이야기를 만들어 보세요.

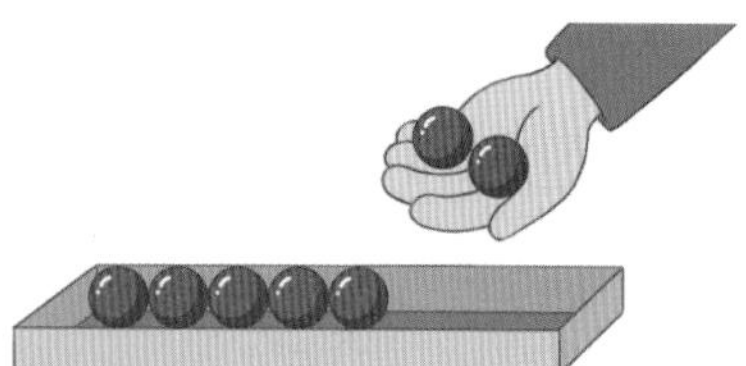

답▶

1회 17번 2회 13번 4회 18번

유형 6 여러 번 모으기(가르기)

모으기 하여 빈칸에 알맞은 수를 써넣으세요.

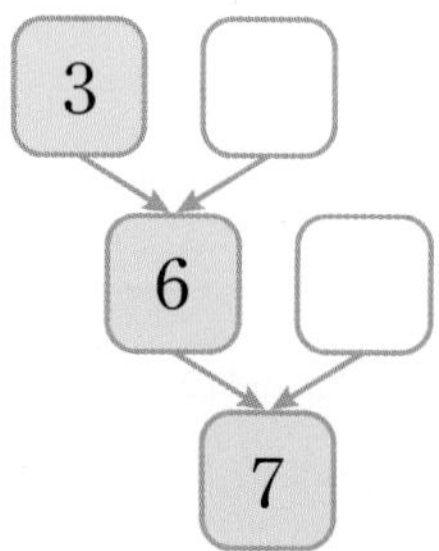

ⓘTip 구할 수 있는 빈칸부터 차례대로 알맞은 수를 구해요.

6-1 모으기 하여 빈칸에 알맞은 수를 써넣으세요.

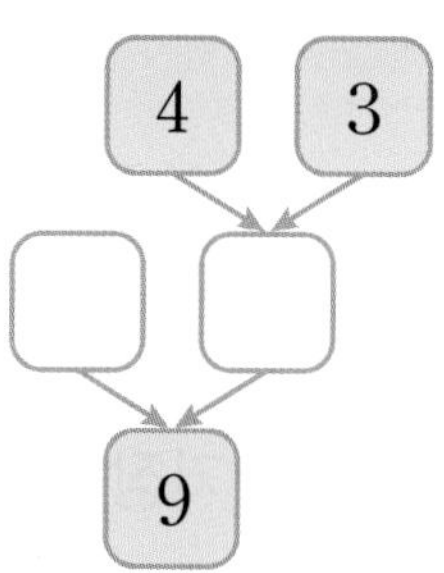

6-2 가르기 하여 빈칸에 알맞은 수를 써넣으세요.

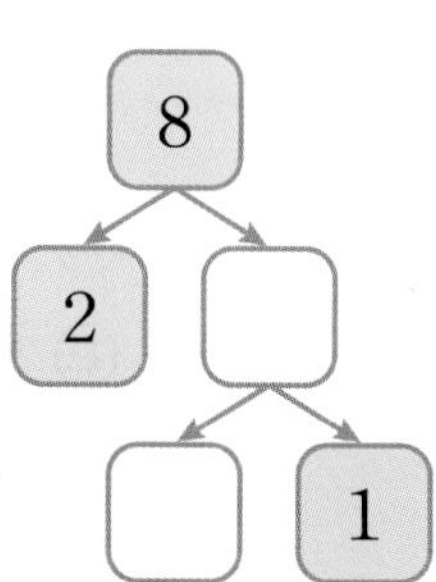

1회 14번 3회 14번 4회 15번

유형 7 덧셈을 활용하여 문제 해결하기

야구공 1개와 테니스공 4개가 있습니다. 야구공과 테니스공은 모두 몇 개인지 구해 보세요.

( )

Tip 문제에 알맞은 덧셈식을 만들어 문제를 해결해요.

7-1 꽃병에 장미가 4송이 꽂혀 있었는데 5송이를 더 꽂았습니다. 꽃병에 꽂혀 있는 장미는 모두 몇 송이인지 구해 보세요.

( )

7-2 버스에 5명이 타고 있었는데 이번 정류장에서 내리는 사람 없이 2명이 더 탔습니다. 지금 버스에 타고 있는 사람은 모두 몇 명인지 구해 보세요.

( )

7-3 하준이가 가지고 있는 딱지는 3장이고, 서아가 가지고 있는 딱지는 5장입니다. 하준이와 서아가 가지고 있는 딱지는 모두 몇 장인지 구해 보세요.

( )

2회 14번

유형 8 뺄셈을 활용하여 문제 해결하기

빨간색 구슬이 4개, 파란색 구슬이 2개 있습니다. 빨간색 구슬은 파란색 구슬보다 몇 개 더 많은지 구해 보세요.

( )

Tip 문제에 알맞은 뺄셈식을 만들어 문제를 해결해요.

8-1 만두가 5개 있었는데 이 중에서 도윤이가 4개를 먹었습니다. 남은 만두는 몇 개인지 구해 보세요.

( )

8-2 지연이는 8살이고, 지연이의 동생은 지연이보다 3살 더 적습니다. 지연이의 동생의 나이는 몇 살인지 구해 보세요.

( )

8-3 검은색 바둑돌이 8개, 흰색 바둑돌이 9개 있습니다. 어느 색 바둑돌이 몇 개 더 많은지 구해 보세요.

(,)

4회 16번

유형 9 합이 같은 덧셈식 만들기

합이 같도록 덧셈식을 만들려고 합니다. □ 안에 알맞은 수를 써넣으세요.

$1+5=\square$

$2+4=\square$

$3+\square=\square$

Tip 더해지는 수가 ●씩 커지면 더하는 수가 ●씩 작아져야 합이 같아요.

9-1 합이 같도록 덧셈식을 만들려고 합니다. □ 안에 알맞은 수를 써넣으세요.

$2+6=\square$

$1+7=\square$

$0+\square=\square$

9-2 합이 9가 되는 덧셈식을 모두 찾아 ○표 해 보세요.

$5+4$ $4+4$ $6+3$

9-3 빈칸에 나머지 두 덧셈식과 합이 같은 덧셈식을 써 보세요.

$3+4$	$1+6$	

2회 18번 3회 17번

유형 10 차가 같은 뺄셈식 만들기

차가 같도록 뺄셈식을 만들려고 합니다. □ 안에 알맞은 수를 써넣으세요.

$2-1=\square$

$3-2=\square$

$4-\square=\square$

Tip 빼지는 수가 ●씩 커지면 빼는 수가 ●씩 커져야 차가 같아요.

10-1 차가 같도록 뺄셈식을 만들려고 합니다. □ 안에 알맞은 수를 써넣으세요.

$5-0=\square$

$6-1=\square$

$7-\square=\square$

10-2 차가 2가 되는 뺄셈식을 모두 찾아 ○표 해 보세요.

$8-6$ $5-2$ $7-5$

10-3 빈칸에 나머지 두 뺄셈식과 차가 같은 뺄셈식을 써 보세요.

$8-4$	$6-2$	

1회 20번 | 3회 19번 | 4회 19번

유형 11 수 카드를 골라 덧셈식(뺄셈식) 만들기

수 카드 4장 중에서 2장을 골라 덧셈식을 완성해 보세요.

0 1 3 5

□+□=8

Tip 4장 중에서 2장을 골라 덧셈식을 해 보면서 합이 8이 되는 경우를 찾아요.

11-1 수 카드 4장 중에서 2장을 골라 두 수의 합이 가장 작은 덧셈식을 만들려고 합니다. 이때의 합은 얼마인지 구해 보세요.

2 3 4 5

(　　　　)

11-2 수 카드 4장 중에서 2장을 골라 뺄셈식을 완성해 보세요.

0 2 5 9

□−□=4

11-3 수 카드 4장 중에서 2장을 골라 두 수의 차가 가장 작은 뺄셈식을 만들려고 합니다. 이때의 차는 얼마인지 구해 보세요.

2 5 7 8

(　　　　)

2회 20번

유형 12 설명에 맞는 수 카드 구하기

현서와 진우가 각각 수 카드를 1장씩 가지고 있습니다. 현서와 진우가 가진 수 카드의 수를 차례대로 써 보세요.

- 현서: 내 카드의 수가 더 커!
- 진우: 두 수를 모으기 하면 7이야!

(　　　　,　　　　)

Tip 먼저 모으기 하여 7이 되는 두 수를 구해요.

12-1 의진이와 성민이가 각각 수 카드를 1장씩 가지고 있습니다. 의진이와 성민이가 가진 수 카드의 수를 차례대로 써 보세요.

- 의진: 내 카드의 수가 더 작아!
- 성민: 두 수를 모으기 하면 9야!

(　　　　,　　　　)

12-2 지민이와 승건이가 각각 수 카드를 1장씩 가지고 있습니다. 지민이와 승건이가 가진 수 카드의 수를 차례대로 써 보세요.

- 지민: 두 수를 모으기 하면 8이야!
- 승건: 내 카드의 수가 더 크고, 두 수의 차는 4야!

(　　　　,　　　　)

4 비교하기

개념정리 4단원 비교하기

개념 1 길이 비교하기

◆두 물건의 길이 비교하기

물건의 한쪽 끝을 맞추어 길이를 비교합니다.

더 길다

더 짧다

◆세 물건의 길이 비교하기

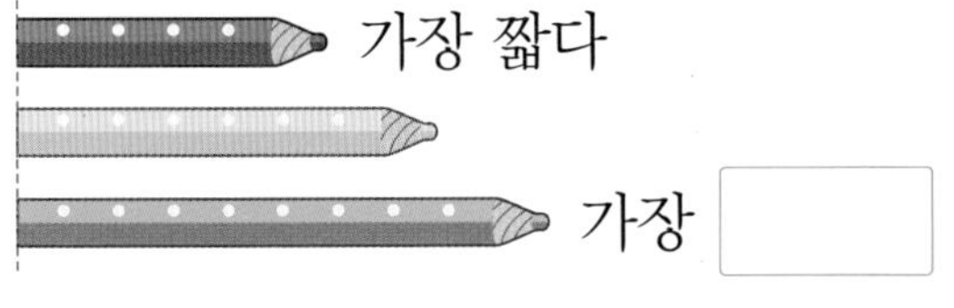

가장 짧다

가장 [ ]

참고

물건의 아래쪽 끝을 맞추면 높이를 비교할 수 있어요.

개념 2 무게 비교하기

◆두 물건의 무게 비교하기

손으로 들어 보고 무게를 비교합니다.

더 가볍다　　더 [ ]

◆세 물건의 무게 비교하기

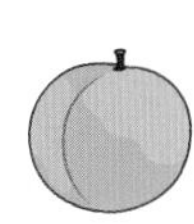

가장 무겁다　　가장 가볍다

개념 3 넓이 비교하기

◆두 물건의 넓이 비교하기

서로 겹쳐 보고 넓이를 비교합니다.

더 좁다　더 [ ]

◆세 물건의 넓이 비교하기

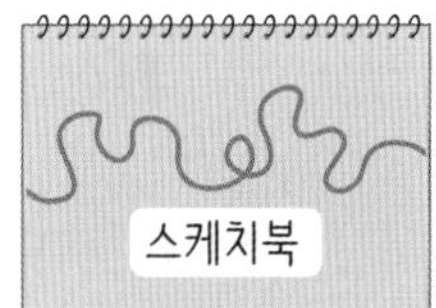

가장 좁다　　가장 넓다

개념 4 담을 수 있는 양 비교하기

◆두 그릇에 담을 수 있는 양 비교하기

그릇의 크기를 비교하여 담을 수 있는 양을 비교합니다.

더 많다　　더 적다

◆세 그릇에 담긴 양 비교하기

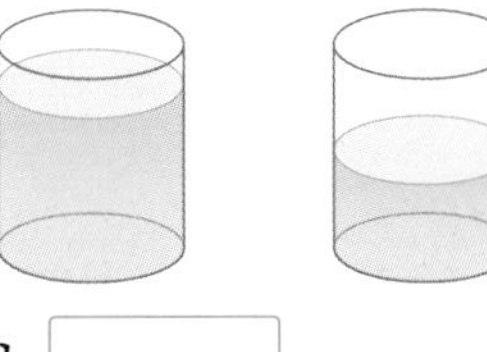

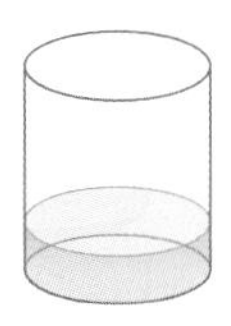

가장 [ ]　　가장 적다

정답 ❶ 길다 ❷ 무겁다 ❸ 넓다 ❹ 많다

점수

78~83쪽에서 같은 유형의 문제를 더 풀 수 있어요.

01 더 긴 것에 ○표 해 보세요.

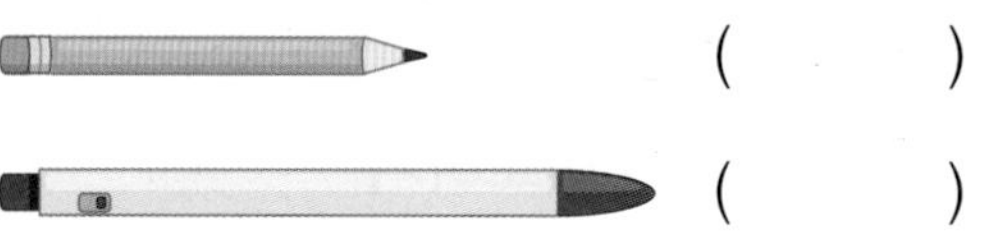

( )

( )

02 더 가벼운 동물에 △표 해 보세요.

( ) ( )

03~04 그림을 보고 알맞은 말에 ○표 해 보세요.

03 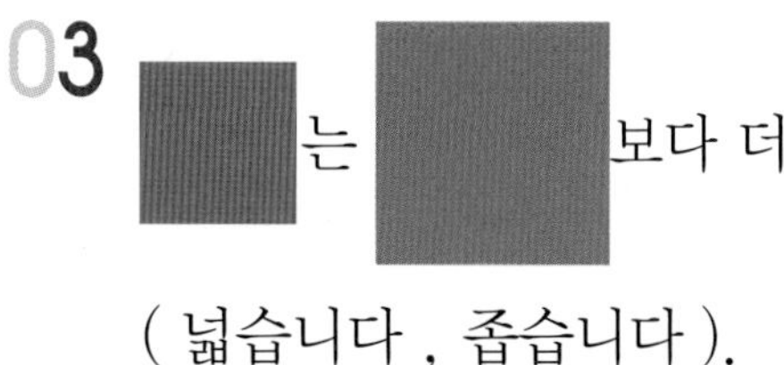

는 보다 더 (넓습니다 , 좁습니다).

04 

는 보다 물을 담을 수 있는 양이 더 (많습니다 , 적습니다).

05 길이를 비교할 때 사용하는 말을 모두 고르세요. ( )

① 길다 ② 짧다 ③ 넓다
④ 좁다 ⑤ 많다

06~07 종이 받침대 위에 물건을 올려 놓았습니다. 더 무거운 물건에 ○표 해 보세요.

06 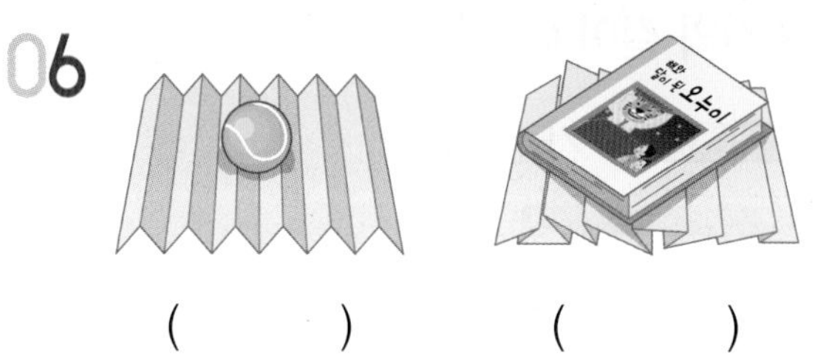

( ) ( )

07 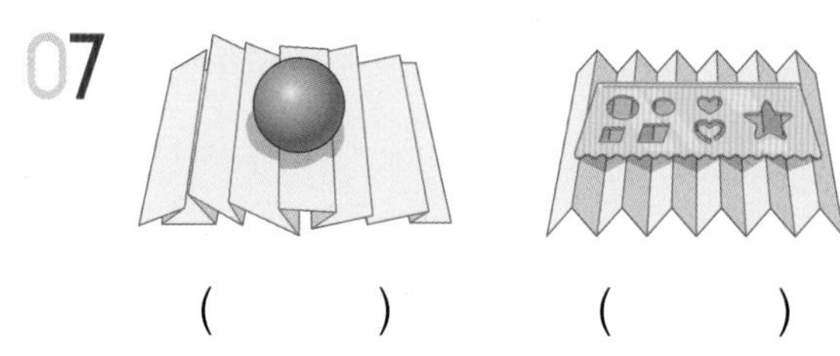

( ) ( )

AI가 뽑은 정답률 낮은 문제

08 세 명이 모두 앉을 수 있는 돗자리를 그려 보세요.

78쪽 유형 1

09~10 주경이가 공책 위에 수첩을 겹쳐 보았습니다. 물음에 답해 보세요.

AI가 뽑은 정답률 낮은 문제

09 주경이가 무엇을 비교하려고 한 행동인지 **보기**에서 찾아 기호를 써 보세요.

79쪽 유형 4

보기

㉠ 길이　　㉡ 높이　　㉢ 무게

㉣ 넓이　　㉤ 담을 수 있는 양

(　　　　　　　　)

10 공책 위에 수첩을 겹쳤더니 공책의 남는 부분이 있었습니다. 공책과 수첩 중에서 더 넓은 것은 무엇인지 구해 보세요.

(　　　　　　　　)

11 터널을 통과할 수 있는 자동차에 ○표 해 보세요.

(　　　)　(　　　)

12 물이 가장 많이 담긴 컵에 ○표 해 보세요.

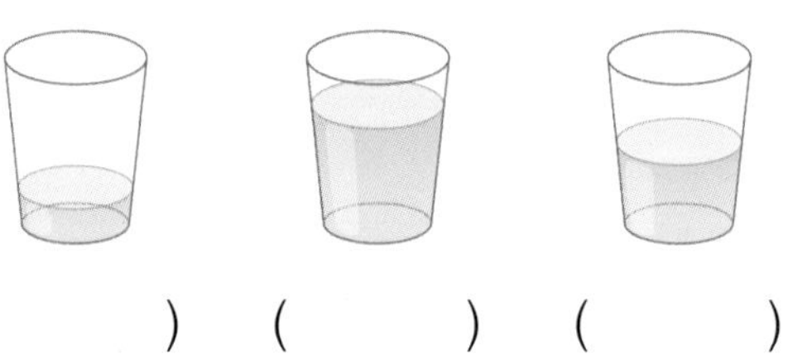

(　　　)　(　　　)　(　　　)

AI가 뽑은 정답률 낮은 문제

13 가장 긴 것을 찾아 써 보세요.

80쪽 유형 6

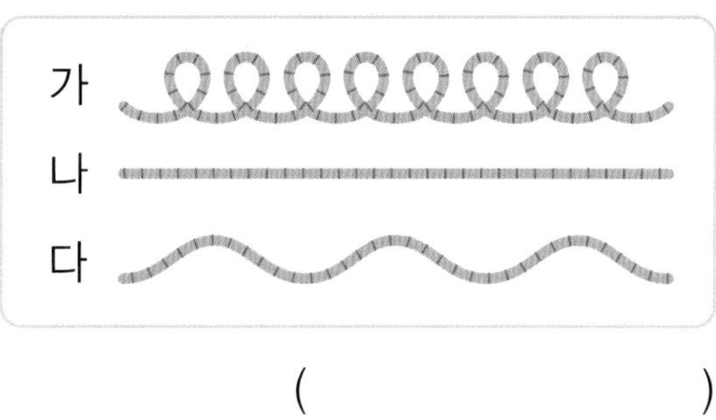

(　　　　　　　　)

서술형

14 ☐에 넣을 수 있는 것을 생각하여 이야기를 만들어 보세요.

책가방보다 더 무거운 것은…….

답

15 병의 입구가 가장 좁은 것에 △표 해 보세요.

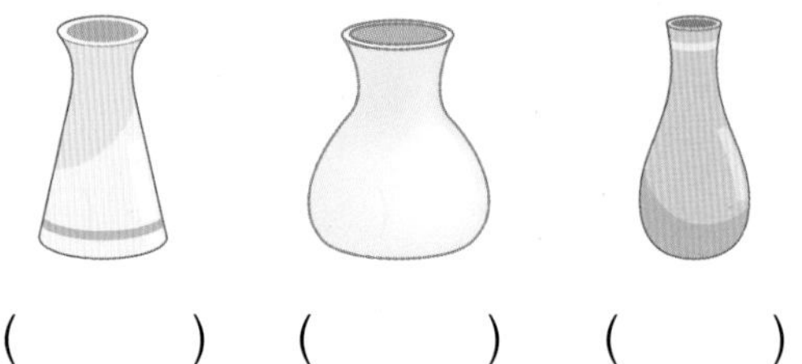

( ) ( ) ( )

AI가 뽑은 정답률 낮은 문제

16 똑같은 컵에 우유를 가득 채운 다음 석재와 미나가 각각 마시고 남은 것입니다. 우유를 더 많이 마신 사람은 누구인지 이름을 써 보세요.

81쪽 유형 8

( )

17 대화를 읽고 알맞은 자리를 찾아 선으로 이어 보세요.

- 첫째: 가장 적게 담긴 것을 먹을래.
- 둘째: 나는 오빠보다 더 많이 담긴 것을 먹을래.
- 셋째: 나는 누나보다 더 많이 담긴 것을 먹을래.

첫째 • 둘째 • 셋째 •

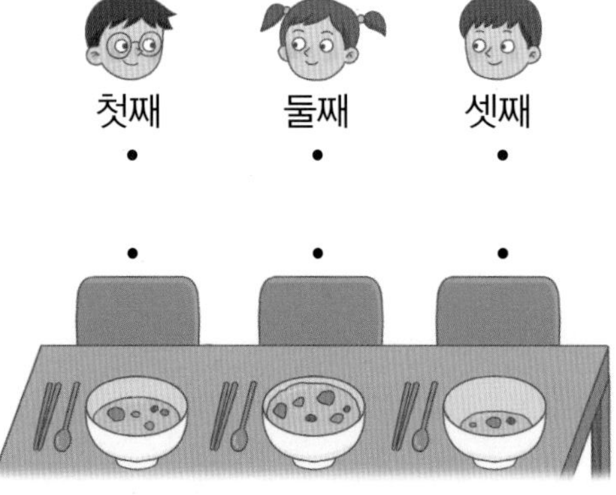

18 은주, 성현, 혜진이가 높이가 같은 사다리를 오르고 있습니다. 키가 가장 큰 사람은 누구인지 이름을 써 보세요.

( )

19 강아지, 고양이, 양 중에서 가장 가벼운 동물은 무엇인지 구해 보세요.

( )

AI가 뽑은 정답률 낮은 문제 서술형

20 수조에 가득 채운 물을 모두 퍼내려면 가, 나, 다 컵으로 각각 다음과 같이 퍼내야 합니다. 가, 나, 다 컵 중에서 담을 수 있는 양이 가장 많은 것은 무엇인지 풀이 과정을 쓰고 답을 구해 보세요.

82쪽 유형10

컵	가	나	다
퍼낸 횟수(번)	4	6	8

풀이

답

점수

78~83쪽에서 같은 유형의 문제를 더 풀 수 있어요.

01 더 무거운 것에 ○표 해 보세요.

( ) ( )

02 더 좁은 것에 △표 해 보세요.

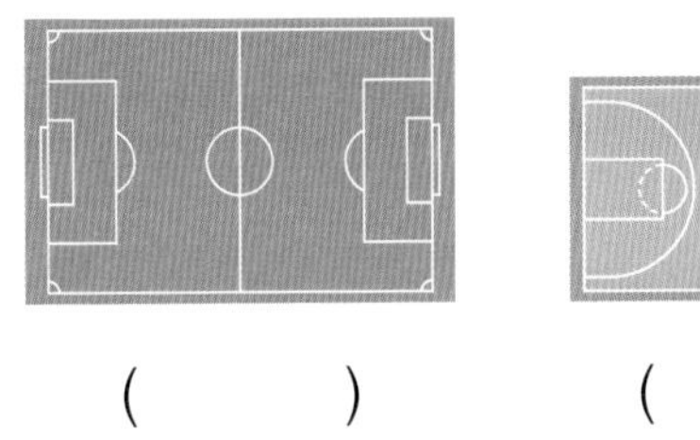

( ) ( )

03~04 보기에서 알맞은 말을 찾아 □ 안에 써넣으세요.

보기
깁니다 짧습니다
많습니다 적습니다

03
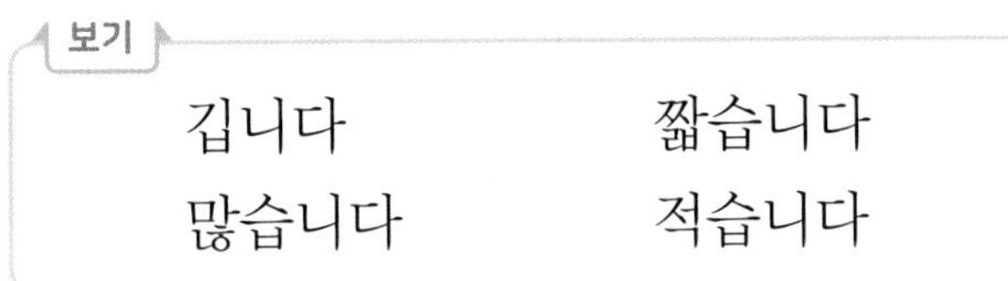

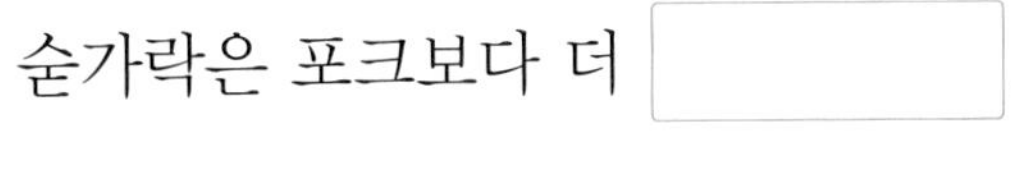
숟가락은 포크보다 더 □.

04
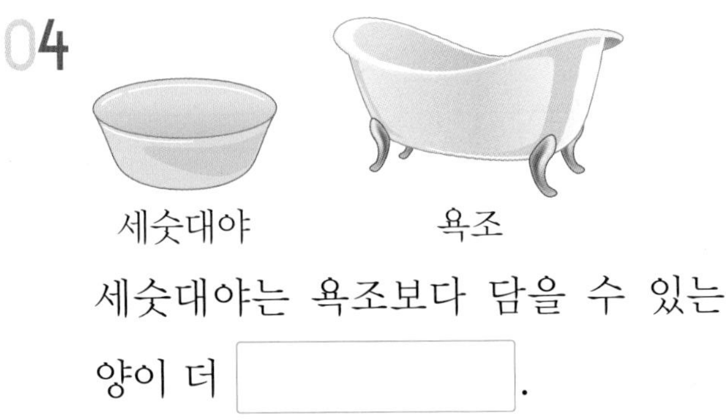

세숫대야는 욕조보다 담을 수 있는 양이 더 □.

05 더 높은 것에 ○표 해 보세요.

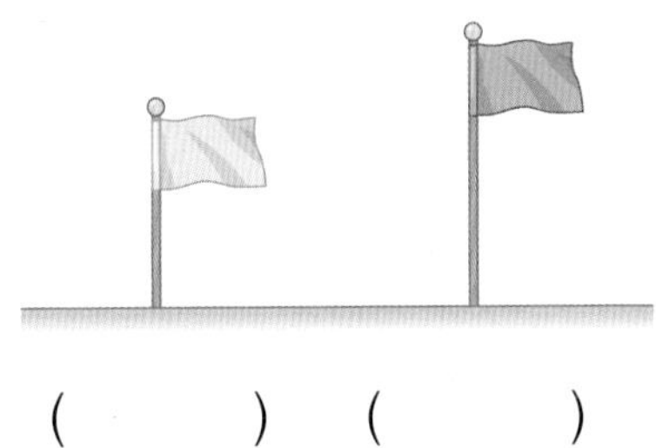

( ) ( )

06 더 무거운 물건은 무엇인지 써 보세요.

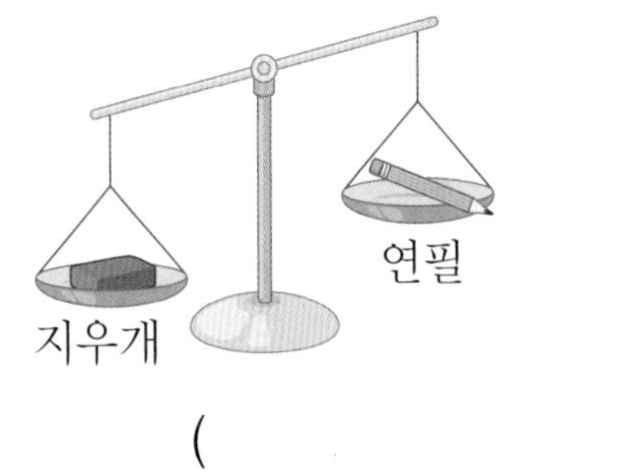

( )

07 오른쪽 컵에 담긴 물의 양이 왼쪽 컵에 담긴 물의 양보다 더 많도록 그려 보세요.

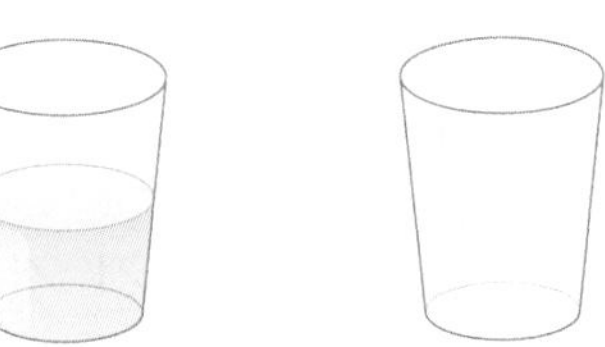

08 두 종이의 넓이를 바르게 비교한 것은 어느 것인가요? ( )

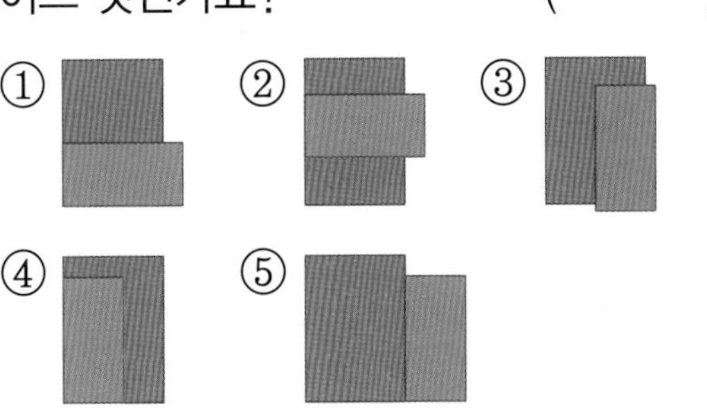

4 단원

09 1부터 6까지 순서대로 이어 보고, 더 좁은 쪽을 색칠해 보세요.

2. 3 6

1 4 5

AI가 뽑은 정답률 낮은 문제

10 용수철에 물건을 매달면 무거울수록 용수철이 더 많이 늘어납니다. 똑같은 용수철에 과일을 매달았습니다. 더 무거운 것은 무엇인지 구해 보세요.

78쪽 유형 2

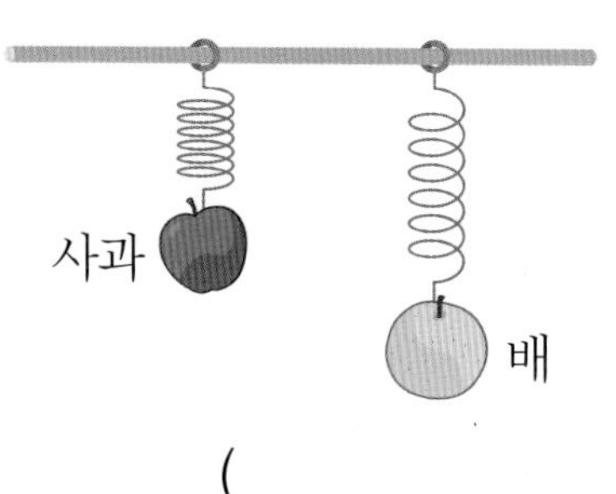

( )

AI가 뽑은 정답률 낮은 문제

11 연결 모형을 한 줄로 길게 연결한 것입니다. 길이가 가장 긴 것을 찾아 써 보세요.

80쪽 유형 5

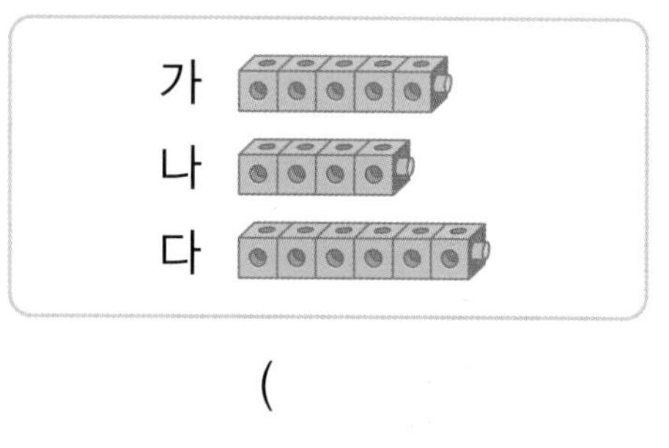

( )

12 가장 넓은 것에 ○표 해 보세요.

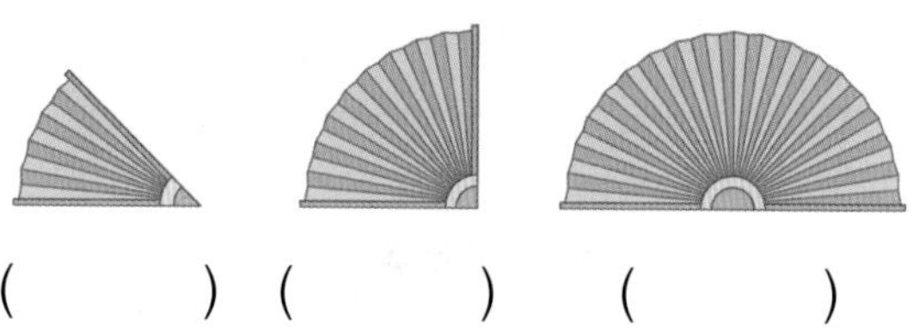

( ) ( ) ( )

13 각각의 상자 위에 올라갔던 동물은 무엇인지 선으로 이어 보세요.

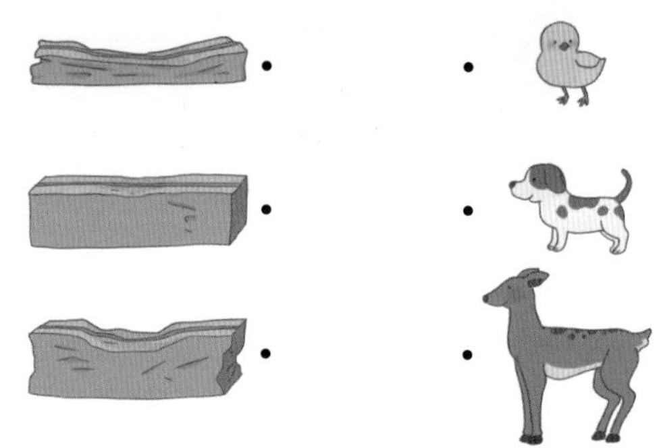

AI가 뽑은 정답률 낮은 문제 서술형

14 한 칸의 넓이가 같을 때 더 넓은 것은 어느 것인지 풀이 과정을 쓰고 답을 구해 보세요.

81쪽 유형 7

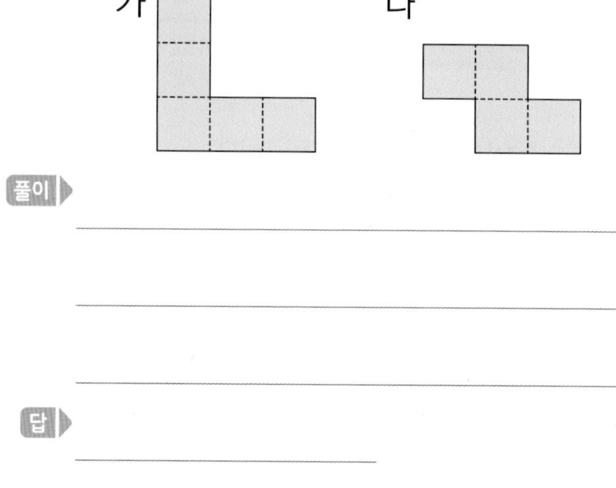

풀이

답

15 컵에 담긴 주스의 높이가 같습니다. 주스가 가장 많이 담긴 컵에 ○표 해 보세요.

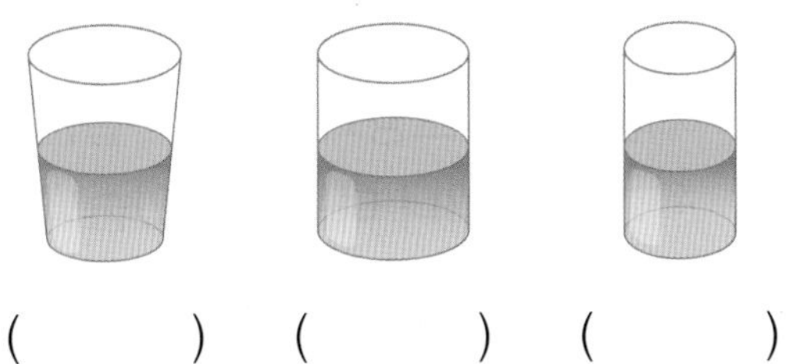

( ) ( ) ( )

AI가 뽑은 정답률 낮은 문제

16 철봉에 은혜와 철훈이가 매달렸습니다. 키가 더 작은 사람은 누구인지 이름을 써 보세요.

82쪽 유형 9

( )

17 가, 나, 다 수조에 물을 받으려고 합니다. 나오는 물의 양이 같은 수도꼭지 3개로 동시에 물을 받기 시작하여 동시에 수도꼭지를 잠갔더니 다음과 같았습니다. 담을 수 있는 양이 많은 수조부터 차례대로 써 보세요.

- 가: 수조를 가득 채우고 넘쳐 흘렀습니다.
- 나: 수조를 가득 채우지 못했습니다.
- 다: 넘쳐 흐르는 물이 없이 수조에 딱 맞게 가득 찼습니다.

( )

AI가 뽑은 정답률 낮은 문제

18 큰 수조에 물을 가득 채우려면 ㉮ 컵으로는 5번 부어야 하고, ㉯ 컵으로는 6번 부어야 합니다. ㉮ 컵과 ㉯ 컵 중에서 어느 컵에 물을 더 많이 담을 수 있는지 구해 보세요.

82쪽 유형 10

( )

19 크기가 다른 선물 상자 3개를 다음과 같이 리본을 사용하여 한 번씩만 둘러 묶었습니다. 사용한 리본의 길이가 가장 짧은 것에 △표 해 보세요. (단, 매듭으로 사용한 리본의 길이는 모두 같습니다.)

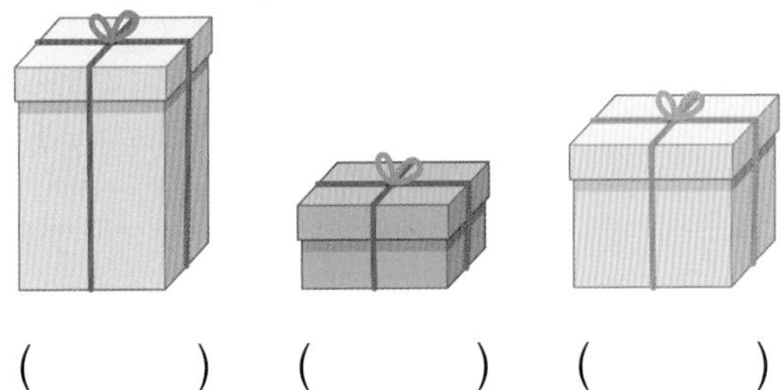

( ) ( ) ( )

서술형

20 가장 무거운 상자는 무엇인지 풀이 과정을 쓰고 답을 구해 보세요.

- 가 상자는 나 상자보다 더 무겁습니다.
- 다 상자는 나 상자보다 더 가볍습니다.

풀이

답

점수

78~83쪽에서 같은 유형의 문제를 더 풀 수 있어요.

01 더 넓은 것에 ○표 해 보세요.

( ) ( )

02 담을 수 있는 양이 더 적은 것에 △표 해 보세요.

( ) ( )

03 그림에 어울리는 말을 찾아 선으로 이어 보세요.

더 무겁다 더 가볍다

04 더 긴 것에 색칠해 보세요.

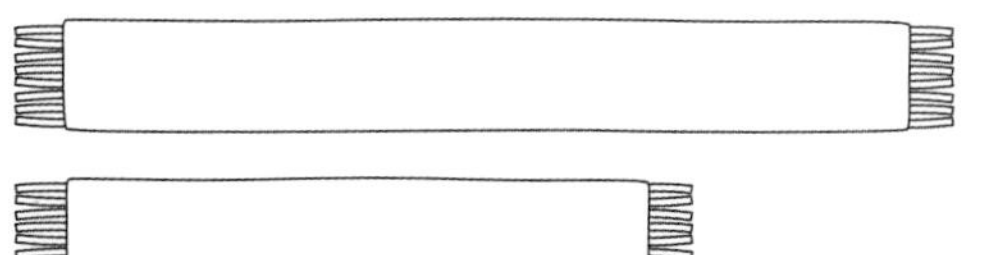

05 ㉮ 물병과 ㉯ 물병에 각각 물을 가득 채운 다음 모양과 크기가 같은 수조에 옮겨 담았더니 다음과 같았습니다. 담을 수 있는 양이 더 많은 물병은 어느 것인지 구해 보세요.

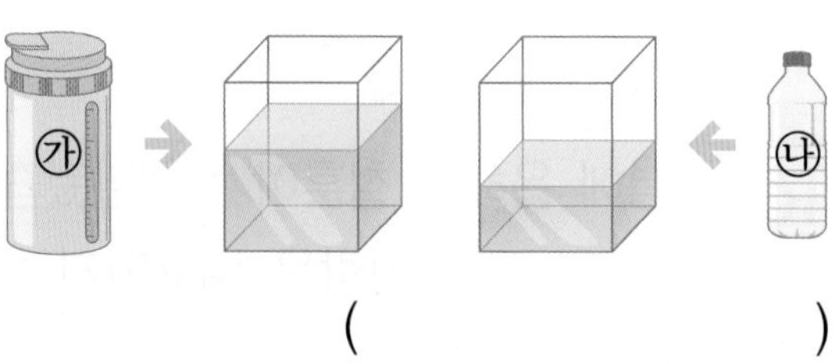

( )

06~07 그림을 보고 물음에 답해 보세요.

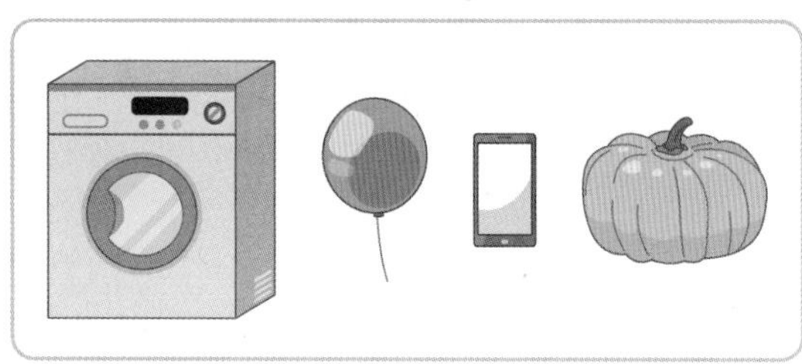

06 가장 무거운 물건에 ○표 해 보세요.

07 호박보다 가벼운 물건을 모두 찾아 △표 해 보세요.

08 보기에서 알맞은 장소를 찾아 □ 안에 써넣으세요.

보기
교실 놀이터 서울

운동장보다 더 넓은 곳은

□ 입니다.

09 연필보다 더 짧게 선을 긋고, 길이를 비교하여 말해 보세요.

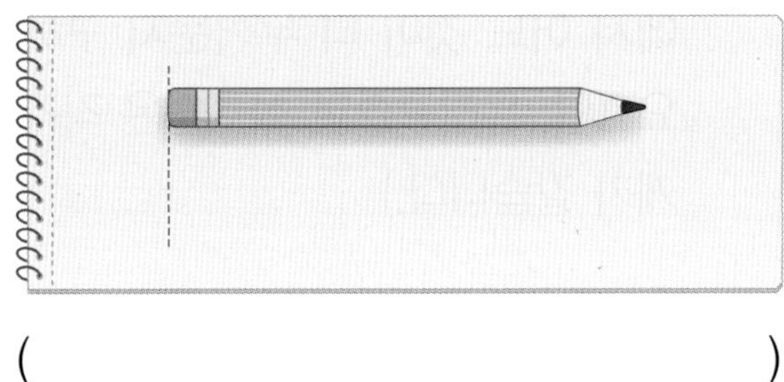

(   )

AI가 뽑은 정답률 낮은 문제

10 주전자와 물병에 가득 담긴 물을 똑같은 컵 여러 개에 가득 따라 옮겼더니 다음과 같았습니다. 담을 수 있는 양이 더 적은 것은 어느 것인지 써 보세요.

79쪽 유형 3

(   )

AI가 뽑은 정답률 낮은 문제

11 더 긴 줄넘기를 가지고 있는 사람은 누구인지 이름을 써 보세요.

80쪽 유형 6

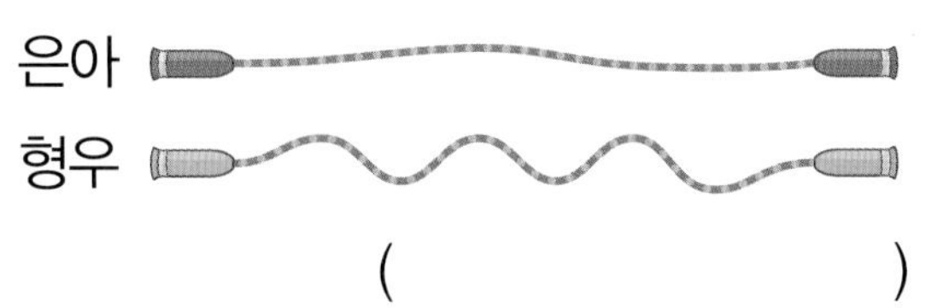

(   )

AI가 뽑은 정답률 낮은 문제

12 한 칸의 크기가 같을 때 색칠한 부분이 더 넓은 것은 어느 것인지 구해 보세요.

81쪽 유형 7

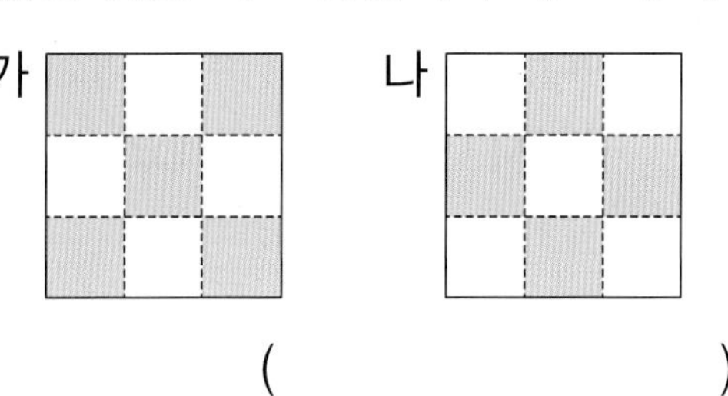

(   )

13 생활 주변에서 책가방의 무게보다 더 무거운 것을 2개 찾아 써 보세요.

(,   )

서술형

14 책상의 높이가 의자의 높이보다 낮으면 어떤 일이 생길지 생각하여 이야기해 보세요.

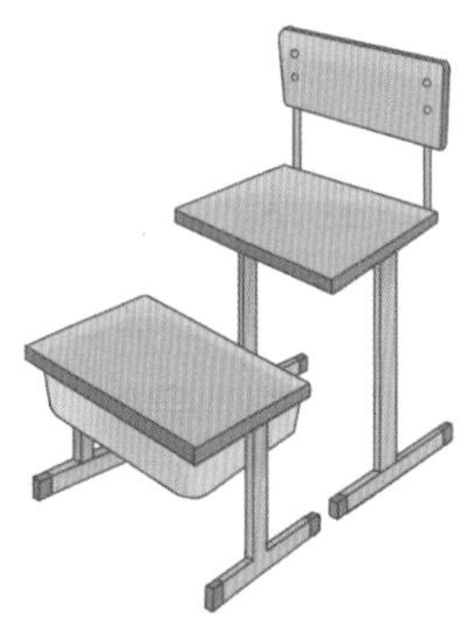

답

AI가 뽑은 정답률 낮은 문제

15 똑같은 컵에 우유를 가득 채운 다음 승우, 지민, 나예가 각각 마시고 남은 것입니다. 우유를 가장 적게 마신 사람은 누구인지 이름을 써 보세요.

81쪽 유형 8

( )

AI가 뽑은 정답률 낮은 문제

16 계단에 진우와 민호가 서 있습니다. 키가 더 큰 사람은 누구인지 이름을 써 보세요.

82쪽 유형 9

( )

서술형

17 선물하려고 세 가지 물건을 포장할 때 포장지가 많이 필요한 것부터 차례대로 쓰려고 합니다. 풀이 과정을 쓰고 답을 구해 보세요.

풀이

답

18 유리구슬 3개와 쇠구슬 2개의 무게가 같을 때, 유리구슬 1개와 쇠구슬 1개 중에서 어느 것이 더 무거운지 구해 보세요. (단, 유리구슬과 쇠구슬은 각각의 무게가 같습니다.)

( )

19 모양과 크기가 다른 세 종류의 그릇에 다른 물건을 사용하지 않고 똑같은 양의 물을 담으려고 합니다. □ 안에 알맞은 말을 써넣으세요.

□ 그릇에 물을 가득 채워 □ 그릇과 □ 그릇에 각각 부은 다음 □ 그릇에 다시 물을 채웁니다.

20 지은이와 연우가 전통놀이인 사방치기를 했습니다. 사방치기를 통해서 얻은 지은이의 땅은 파란색으로 칠하고, 연우의 땅은 빨간색으로 칠했습니다. 땅을 더 많이 얻은 사람은 누구인지 이름을 써 보세요.

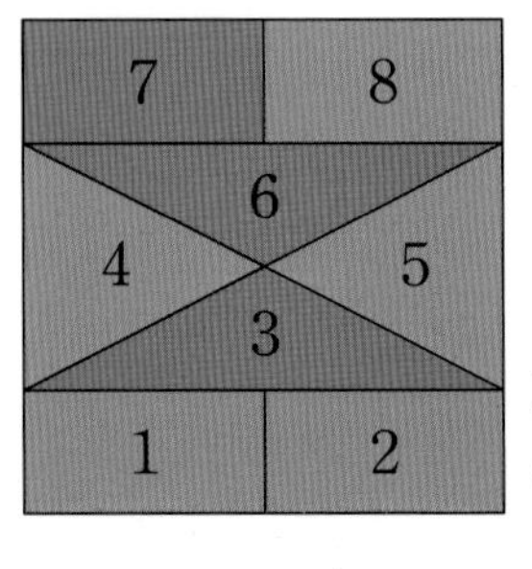

지은: 파란색
연우: 빨간색

( )

78~83쪽에서 같은 유형의 문제를 더 풀 수 있어요.

01 담을 수 있는 양이 더 많은 것에 ○표 해 보세요.

( ) ( )

02 더 낮은 것에 △표 해 보세요.

( ) ( )

03~04 그림을 보고 □ 안에 알맞은 말을 써넣으세요.

03

□ 은/는 □ 보다 더 무겁습니다.

04

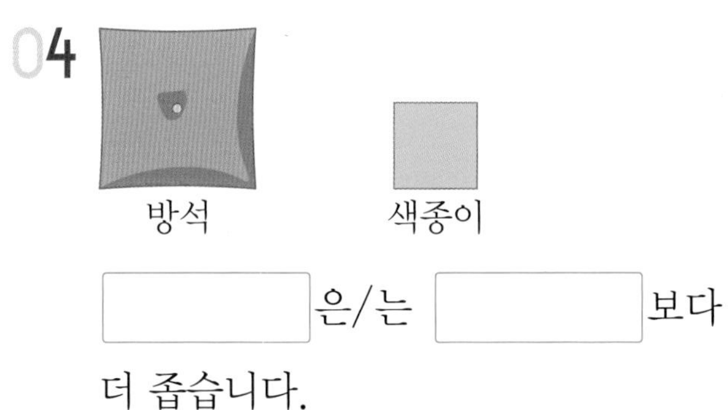

□ 은/는 □ 보다 더 좁습니다.

05 담긴 물의 양이 더 많은 것에 ○표 해 보세요.

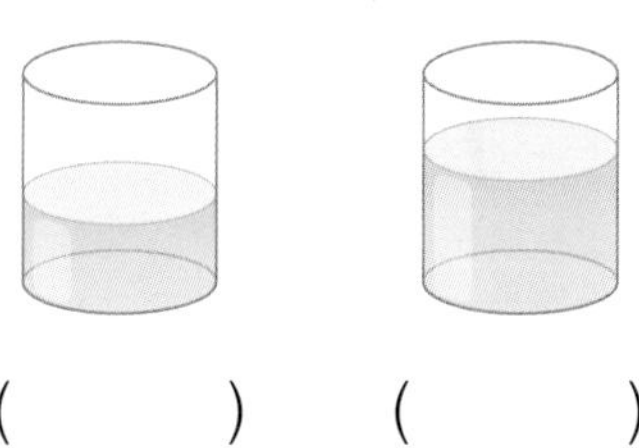

( ) ( )

06 가장 긴 것에 ○표, 가장 짧은 것에 △표 해 보세요.

( )
( )
( )

07 얼굴 표정을 보고 봉지에 들어 있는 물건으로 알맞은 것을 찾아 선으로 이어 보세요.

08 왼쪽보다 넓고 오른쪽보다 좁은 □ 모양을 빈칸에 그려 보세요.

4 단원

AI가 뽑은 정답률 낮은 문제

09 가와 나 물병에 가득 담긴 물을 똑같은 컵 여러 개에 가득 따라 옮겼더니 다음과 같았습니다. 담을 수 있는 양이 더 적은 물병은 어느 것인지 구해 보세요.

79쪽 유형 3

(　　　　　　　　)

AI가 뽑은 정답률 낮은 문제

10 똑같은 용수철에 풀, 필통, 가위를 매달았습니다. 가장 가벼운 것은 무엇인지 구해 보세요.

78쪽 유형 2

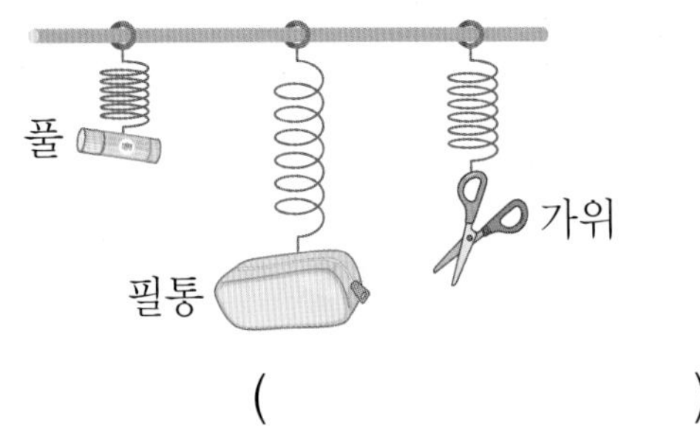

(　　　　　　　　)

11 왼쪽 물병보다 물이 더 많이 담긴 것을 찾아 기호를 써 보세요.

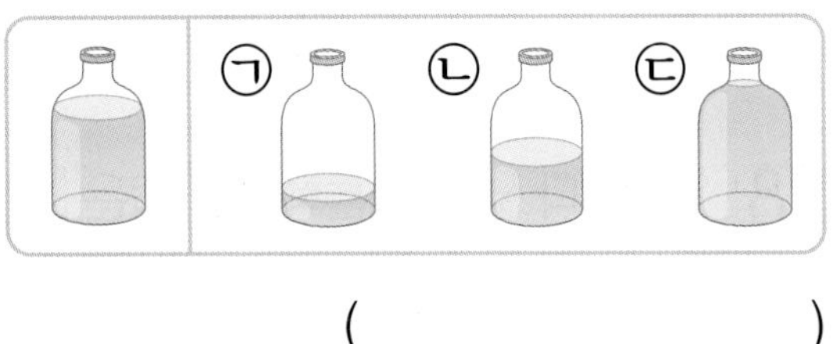

(　　　　　　　　)

AI가 뽑은 정답률 낮은 문제

12 연결 모형을 한 줄로 길게 연결한 것입니다. 모든 모양을 세웠을 때 높이가 가장 높은 것을 찾아 기호를 써 보세요.

80쪽 유형 5

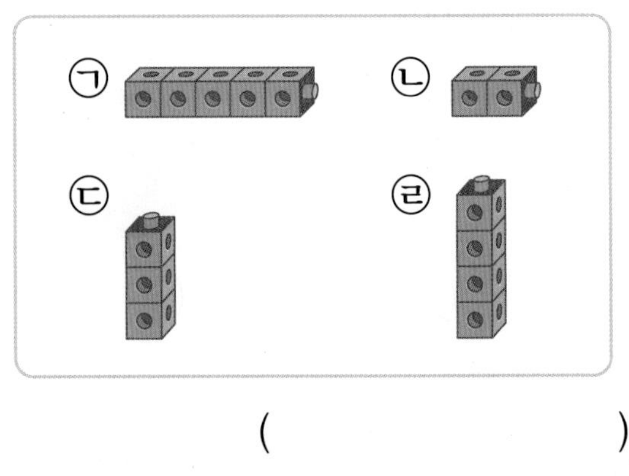

(　　　　　　　　)

13 똑같은 상자 2개가 있습니다. 한 상자에는 돌을 가득 채워 넣고, 다른 상자에는 솜을 가득 채워 넣었습니다. 무엇을 채워 넣은 상자가 더 무거운지 구해 보세요.

(　　　　　　　　)

서술형

14 물병에 가득 들어 있는 물을 모두 바가지에 옮겨 담았더니 바가지에는 물이 가득 차지 않았습니다. 물병과 바가지 중에서 담을 수 있는 양이 더 많은 것은 무엇인지 풀이 과정을 쓰고 답을 구해 보세요.

풀이

답

15~16 서원이네 집을 위에서 보고 그린 그림입니다. 그림을 보고 물음에 답해 보세요.

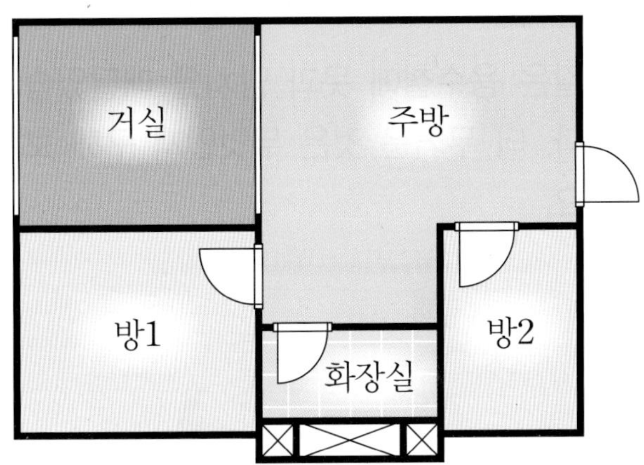

15 서원이네 집에서 가장 넓은 곳은 어디인지 구해 보세요.

(   )

16 서원이네 집에서 가장 좁은 곳은 어디인지 구해 보세요.

(   )

서술형

17 은지, 서원, 나정이가 같은 크기의 모눈종이에 점선을 따라 굵은 선을 그었습니다. 가장 긴 선을 그은 사람은 누구인지 풀이 과정을 쓰고 답을 구해 보세요.

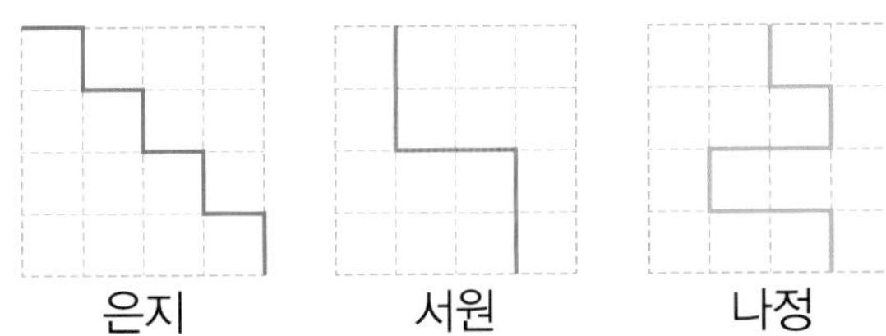

풀이

답

18 실패는 바느질할 때 쓰기 편하도록 실을 감아 두는 도구입니다. 똑같은 실패에 빨간색, 파란색, 주황색 실을 감았더니 다음과 같았습니다. 감은 실의 길이가 긴 것부터 차례대로 써 보세요.

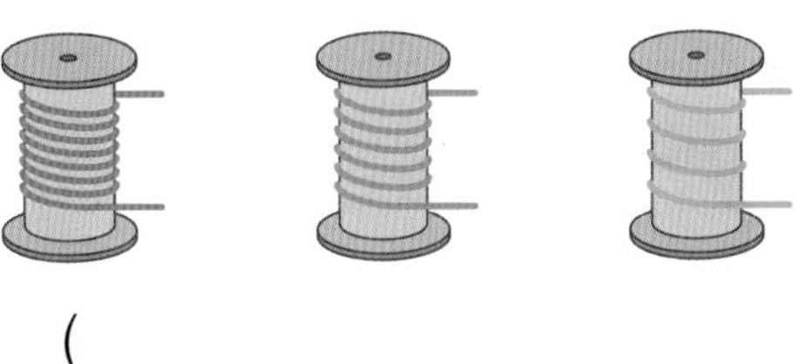

(   )

AI가 뽑은 정답률 낮은 문제

19 기문이네 모둠 학생들에게 똑같은 크기의 색종이를 한 장씩 주었습니다. 사용하고 남은 색종이가 다음과 같을 때 색종이를 가장 적게 사용한 사람은 누구인지 이름을 써 보세요.

83쪽 유형 11

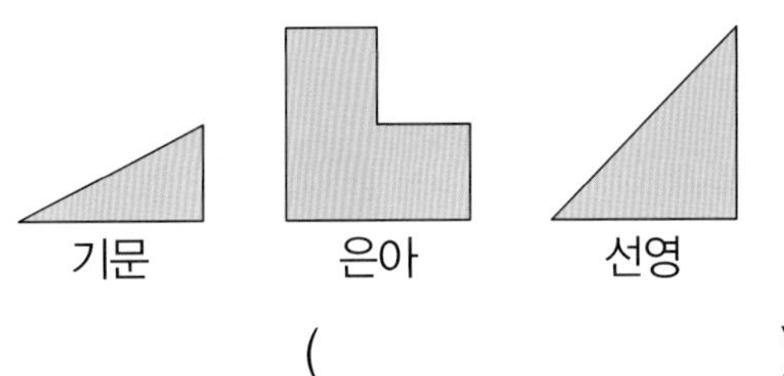

(   )

AI가 뽑은 정답률 낮은 문제

20 달걀은 무게가 모두 같습니다. 복숭아, 달걀, 감 중에서 무거운 것부터 차례대로 써 보세요.

83쪽 유형 12

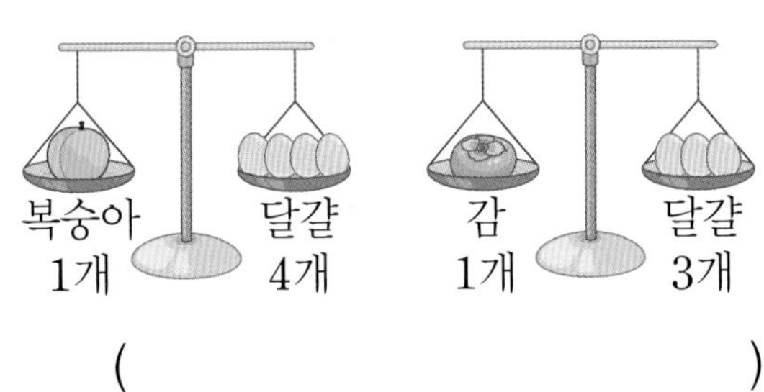

(   )

4 단원

4단원 틀린 유형 다시 보기

비교하기

유형 1 조건에 맞게 그리기

1회 8번

네 명이 모두 앉을 수 있는 돗자리를 그려 보세요.

Tip 네 명의 학생이 모두 돗자리 안에 들어가도록 그려요.

1-1 다섯 명이 모두 앉을 수 있는 돗자리를 그려 보세요.

1-2 소들이 모두 울타리 안에 들어오도록 울타리를 이어서 그려 보세요.

유형 2 용수철로 무게 비교하기

2회 10번 4회 10번

똑같은 용수철에 못과 망치를 매달았습니다. 더 무거운 것은 무엇인지 구해 보세요.

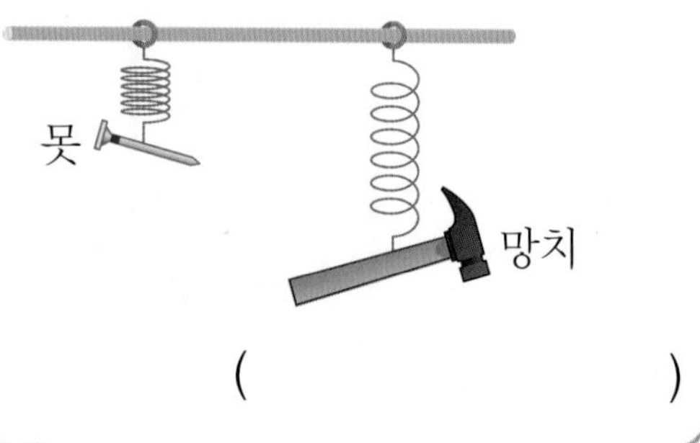

(　　　　　　　　)

Tip 용수철에 물건을 매달 때 용수철이 많이 늘어날수록 더 무거운 물건이에요.

2-1 똑같은 용수철에 오이, 당근, 버섯을 매달았습니다. 가장 무거운 것은 무엇인지 구해 보세요.

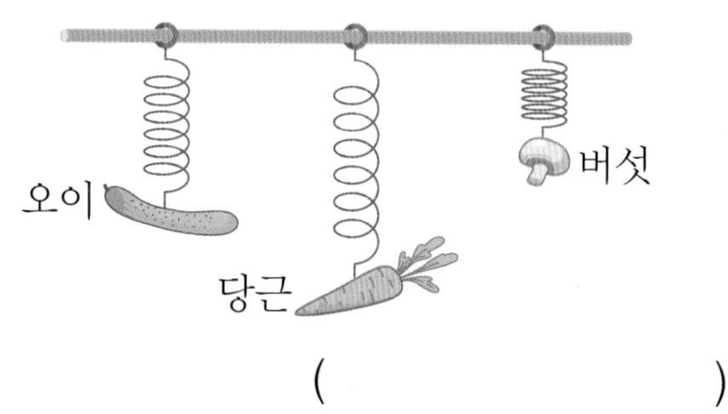

(　　　　　　　　)

2-2 똑같은 용수철에 방울을 각각 매달았습니다. 빨간색 방울보다 더 무거운 방울은 모두 몇 개인지 구해 보세요.

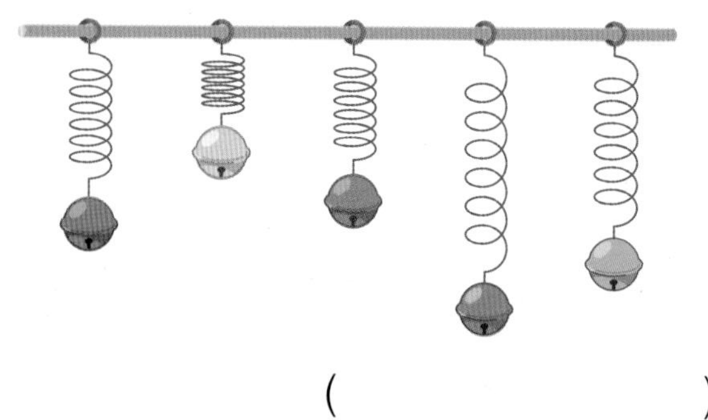

(　　　　　　　　)

3회 10번 4회 9번

유형 3 컵을 이용하여 담을 수 있는 양 비교하기

가와 나 주전자에 가득 담긴 물을 똑같은 컵 여러 개에 가득 따라 옮겼더니 다음과 같았습니다. 담을 수 있는 양이 더 많은 주전자는 어느 것인지 구해 보세요.

( )

Tip 옮겨 따른 컵의 수가 많을수록 담을 수 있는 양이 더 많아요.

3-1 가, 나, 다 물병에 가득 담긴 물을 똑같은 컵 여러 개에 가득 따라 옮겼습니다. 가 물병은 컵 8개, 나 물병은 컵 6개, 다 물병은 컵 7개에 옮겨 담을 수 있었습니다. 담을 수 있는 양이 적은 물병부터 차례대로 써 보세요.

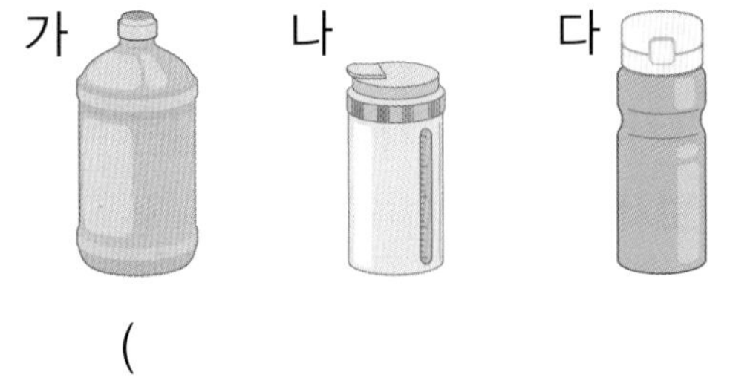

( )

1회 9번

유형 4 무엇을 비교하는지 알아보기

현애는 양손에 각각 배와 귤을 들어 보았습니다. 현애가 무엇을 비교하려고 한 행동인지 **보기**에서 찾아 기호를 써 보세요.

보기
㉠ 길이 ㉡ 높이 ㉢ 무게
㉣ 넓이 ㉤ 담을 수 있는 양

( )

Tip 양손에 배와 귤을 각각 들었을 때 무엇을 알 수 있는지 생각하여 비교하는 내용을 찾아요.

4-1 진우는 바가지에 물을 가득 채운 다음 수조에 물을 부으려고 합니다. 진우가 무엇을 비교하려고 한 행동인지 **보기**에서 찾아 기호를 써 보세요.

보기
㉠ 길이 ㉡ 높이 ㉢ 무게
㉣ 넓이 ㉤ 담을 수 있는 양

( )

4-2 재영이는 줄넘기를 사려고 합니다. 재영이가 마트에 갔더니 줄넘기가 여러 개 있어서 어느 것을 골라야 할지 고민이 되었습니다. 줄넘기를 비교할 때 무엇을 생각해야 하는지 써 보세요. (단, 비교해야 할 것이 많으면 여러 개를 써도 됩니다.)

( )

2회 11번 | 4회 12번

유형 5 연결 모형의 길이(높이) 비교하기

연결 모형을 한 줄로 길게 연결한 것입니다. 길이가 가장 긴 것을 찾아 써 보세요.

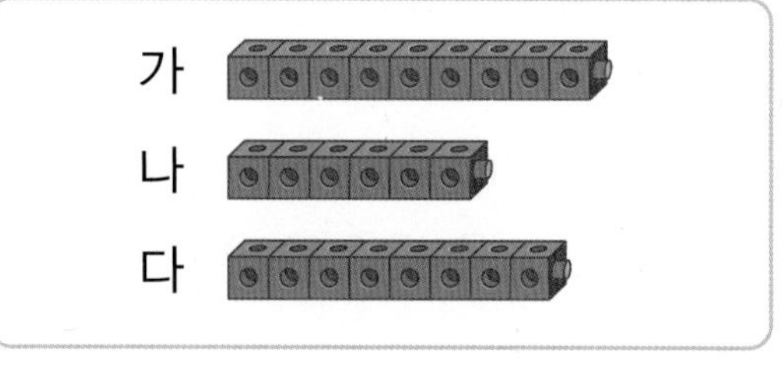

(   )

Tip 연결 모형은 크기가 모두 같고, 한 줄로 연결했으므로 연결 모형을 가장 많이 사용한 것이 가장 길어요.

5-1 연결 모형을 연결한 것입니다. 높이가 가장 높은 것을 찾아 기호를 써 보세요.

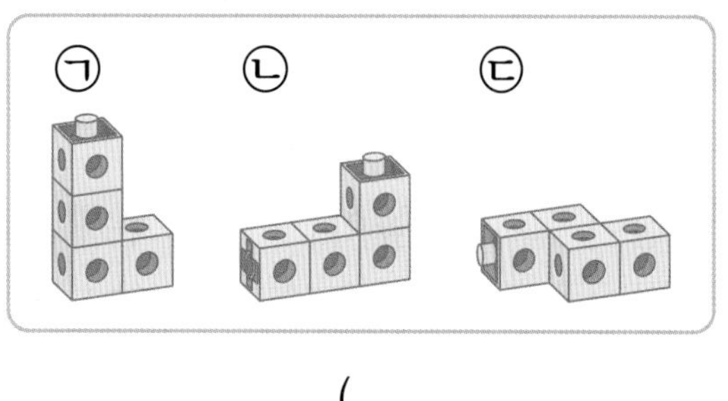

(   )

5-2 연결 모형을 한 줄로 길게 연결한 것입니다. 모든 모양을 세웠을 때 높이가 가장 낮은 것을 찾아 기호를 써 보세요.

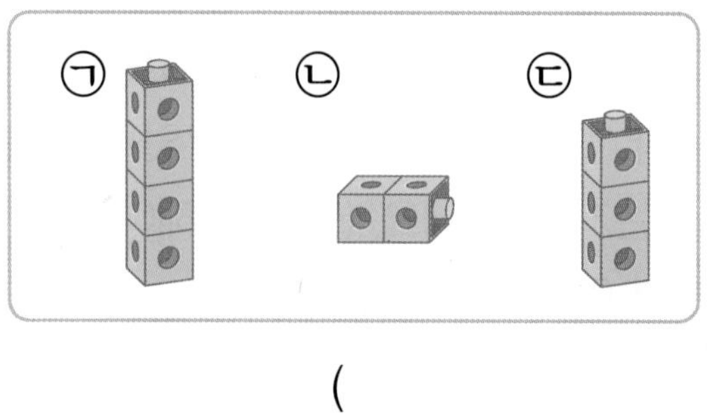

(   )

1회 13번 | 3회 11번

유형 6 구부러진 선의 길이 비교하기

더 긴 실에 ○표 해 보세요.

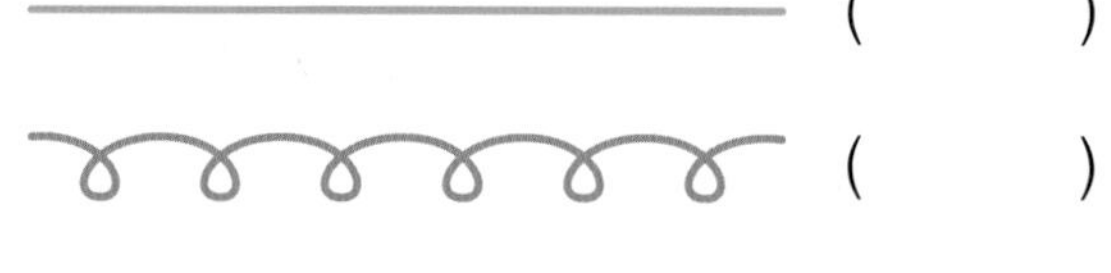

Tip 양쪽 끝이 맞추어져 있을 때에는 더 많이 구부러져 있는 실의 길이가 더 길어요.

6-1 가장 긴 실에 ○표, 가장 짧은 실에 △표 해 보세요.

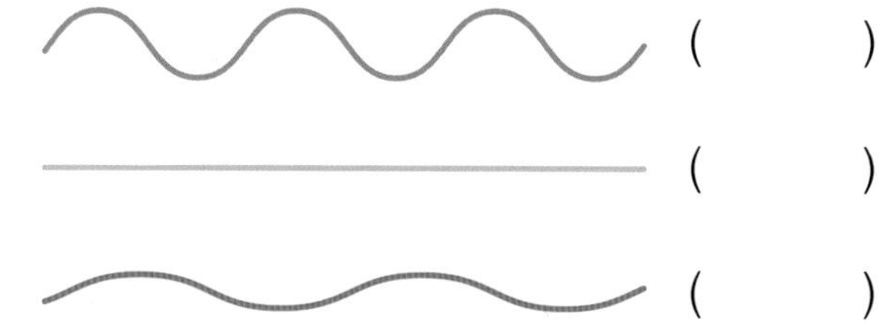

6-2 백호네 집에서 학교까지 가는 길은 모두 3가지입니다. 가장 짧은 길은 무엇인지 구해 보세요.

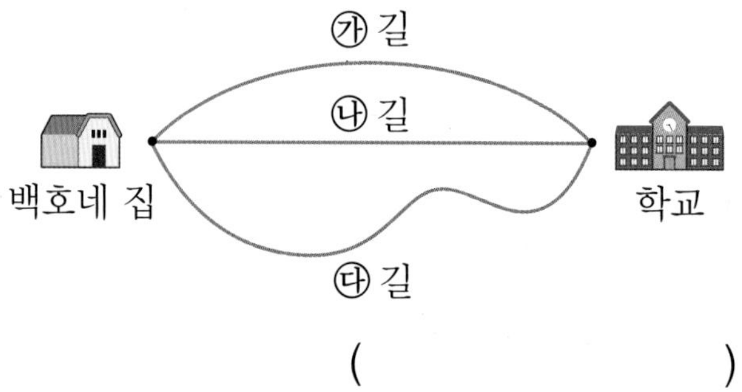

(   )

2회 14번 3회 12번

유형 7 칸 수를 세어 넓이 비교하기

한 칸의 넓이가 같을 때 더 넓은 것은 어느 것인지 구해 보세요.

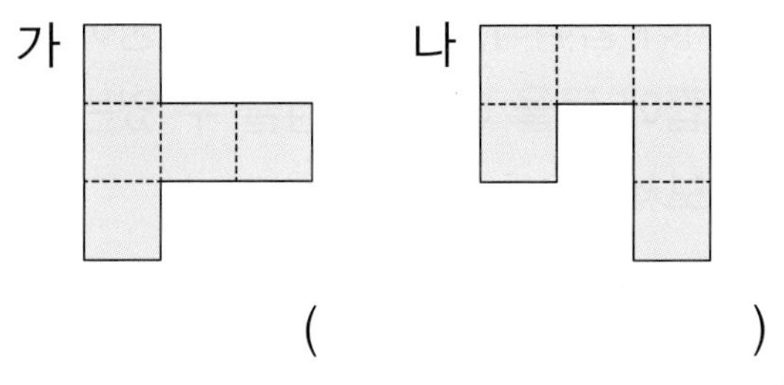

( )

Tip 한 칸의 넓이가 같으므로 칸 수가 더 많은 것이 더 넓어요.

7-1 한 칸의 크기가 같을 때 색칠한 부분이 더 넓은 것은 어느 것인지 구해 보세요.

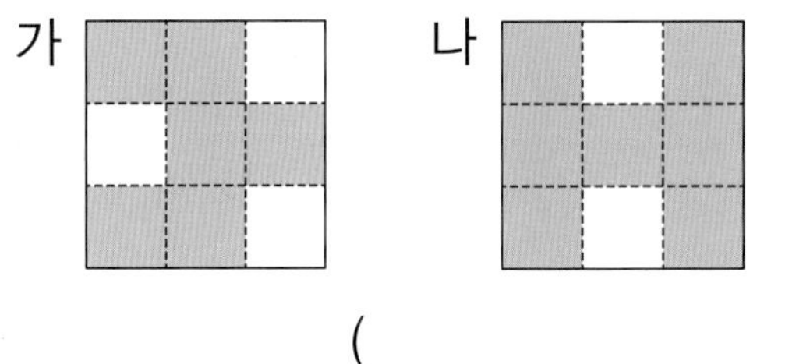

( )

7-2 한 칸의 넓이가 모두 같도록 땅을 나누었습니다. 다음과 같이 채소를 심었을 때 가장 넓은 곳에 심은 것은 무엇인지 구해 보세요.

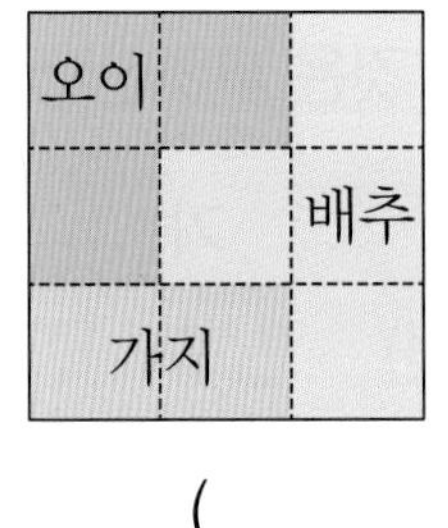

( )

1회 16번 3회 15번

유형 8 마시고 남은 양 비교하기

똑같은 컵에 물을 가득 채운 다음 예지와 승진이가 각각 마시고 남은 것입니다. 물을 더 많이 마신 사람은 누구인지 이름을 써 보세요.

( )

Tip 물이 더 적게 남은 사람이 물을 더 많이 마신 사람이에요.

8-1 똑같은 컵에 주스를 똑같이 채운 다음 각각 마시고 남은 것입니다. 주스를 가장 많이 마신 사람은 누구인지 이름을 써 보세요.

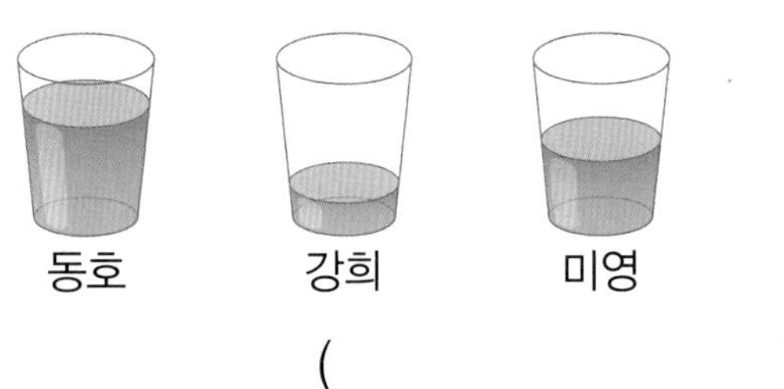

( )

8-2 똑같은 컵에 우유를 똑같이 채운 다음 각각 마시고 남은 것입니다. 우유를 가장 적게 마신 사람은 누구인지 이름을 써 보세요.

( )

2회 16번 3회 16번

유형 9 아래쪽 끝이 맞추어져 있지 않을 때의 키(길이) 비교하기

철봉에 근영이와 현주가 매달렸습니다. 키가 더 작은 사람은 누구인지 이름을 써 보세요.

(　　　　　　)

Tip 아래쪽이 아닌 위쪽이 맞추어져 있으므로 아래쪽을 비교해요.

9-1 빨랫줄에 바지 3개를 매달았습니다. 길이가 가장 긴 것에 ○표 해 보세요.

(　　) (　　) (　　)

9-2 줄넘기 대회를 하고 아영, 진주, 현정이가 메달을 받기 위해 시상대에 올라갔습니다. 키가 가장 큰 사람은 누구인지 이름을 써 보세요.

(　　　　　　)

1회 20번 2회 18번

유형 10 컵에 담을 수 있는 양 비교하기

다음 수조에 물을 가득 채우려면 ㉮ 컵으로는 7번 부어야 하고, ㉯ 컵으로는 8번 부어야 합니다. ㉮ 컵과 ㉯ 컵 중에서 어느 컵에 물을 더 많이 담을 수 있는지 구해 보세요.

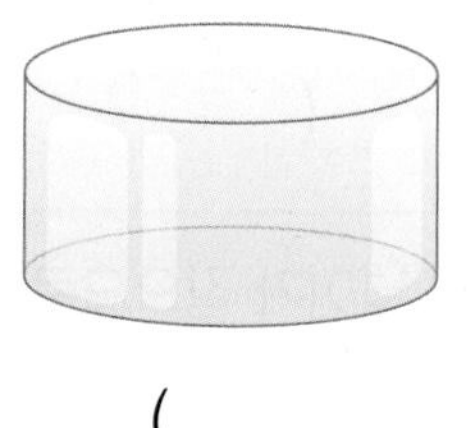

(　　　　　　)

Tip 컵이 클수록 적은 횟수로 물을 부어서 수조에 물을 가득 채울 수 있어요.

10-1 수조에 가득 채운 물을 모두 퍼내려면 가, 나, 다 컵으로 각각 다음과 같이 퍼내야 합니다. 가, 나, 다 컵 중에서 담을 수 있는 양이 가장 많은 것은 무엇인지 구해 보세요.

컵	가	나	다
퍼낸 횟수(번)	6	8	9

(　　　　　　)

10-2 수조에 가득 채운 물을 모두 퍼내려면 가, 나, 다 컵으로 각각 다음과 같이 퍼내야 합니다. 가, 나, 다 컵 중에서 담을 수 있는 양이 가장 적은 것은 무엇인지 구해 보세요.

컵	가	나	다
퍼낸 횟수(번)	7	3	5

(　　　　　　)

4회 19번

유형 11 색종이의 넓이 비교하기

우준이네 모둠 학생들에게 똑같은 크기의 색종이를 한 장씩 주었습니다. 사용하고 남은 색종이가 다음과 같을 때 색종이를 가장 많이 사용한 사람은 누구인지 이름을 써 보세요.

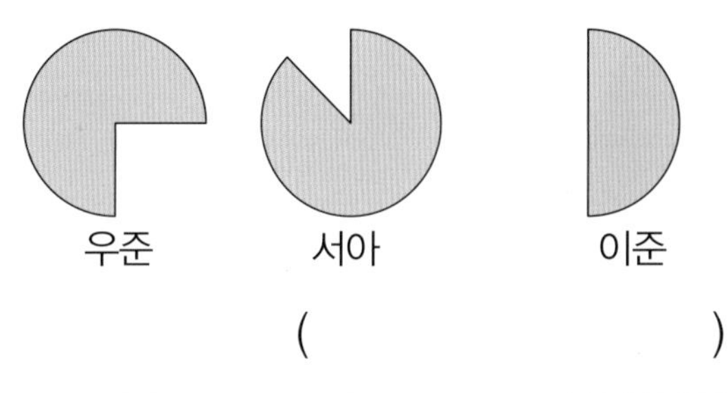

(　　　　　　　　)

Tip 남은 색종이의 넓이가 가장 좁은 것이 가장 많이 사용한 색종이예요.

11-1 다음과 같이 색종이를 접었습니다. 2번 접은 색종이의 넓이는 3번 접은 색종이의 넓이보다 더 넓은지, 좁은지 구해 보세요.

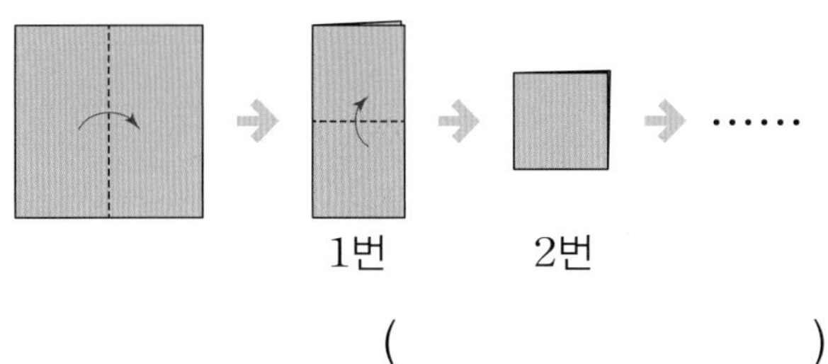

(　　　　　　　　)

11-2 크기가 같은 색종이를 각각 똑같은 크기가 되도록 점선을 따라 자르려고 합니다. 자른 한 조각의 크기가 가장 좁은 색종이는 무엇인지 구해 보세요.

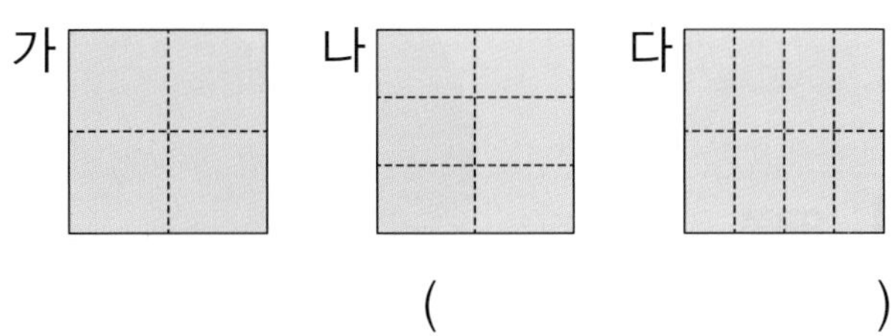

(　　　　　　　　)

4회 20번

유형 12 저울에 올린 물건의 무게 비교하기

같은 종류의 과일은 무게가 모두 같습니다. 사과, 귤, 딸기 중에서 무거운 과일부터 차례대로 써 보세요.

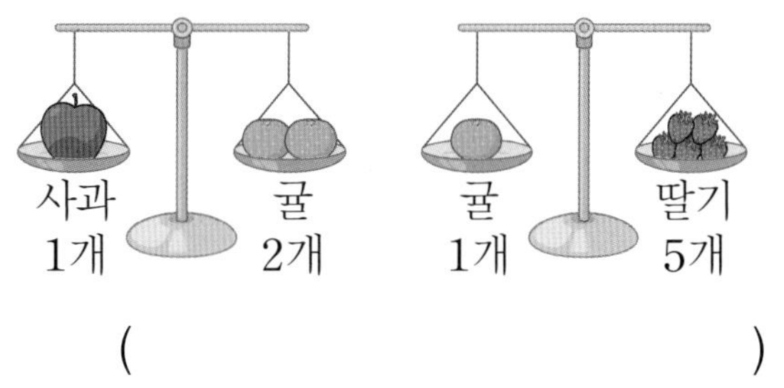

(　　　　　　　　)

Tip 저울이 어느 한쪽으로 기울지 않았으므로 저울의 양쪽 접시에 올린 무게는 같아요.

12-1 야구공은 무게가 모두 같습니다. 벽돌, 야구공, 볼링공 중에서 무거운 물건부터 차례대로 써 보세요.

(　　　　　　　　)

12-2 같은 종류의 구슬은 무게가 모두 같습니다. ㉮ 구슬 1개는 ㉰ 구슬 몇 개의 무게와 같은지 구해 보세요.

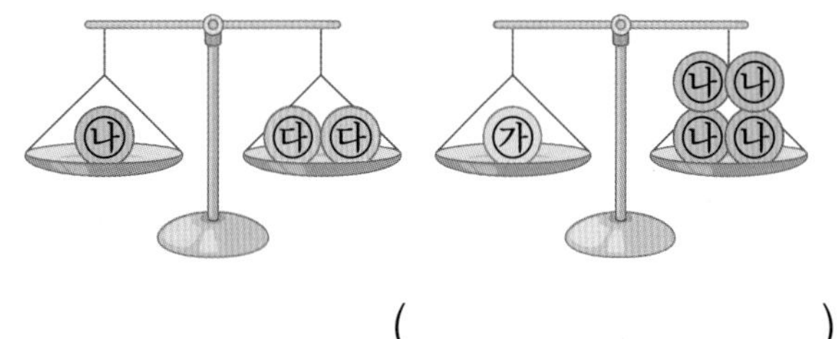

(　　　　　　　　)

5

50까지의 수

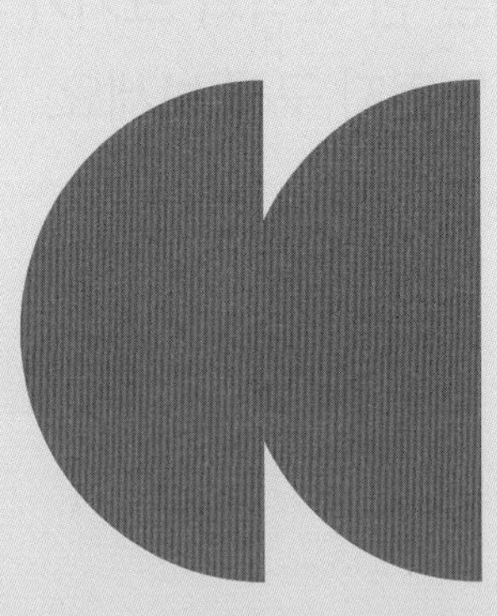

개념 정리

5단원

50까지의 수

개념 1 9 다음 수 알아보기

9보다 1만큼 더 큰 수를 ☐(이)라 쓰고, 십 또는 열이라고 읽습니다.

개념 2 십몇 알아보기

◆**13 알아보기**

10개씩 묶음 1개와 낱개 3개를 **13**이라 쓰고, 십삼 또는 열셋이라고 읽습니다.

> 참고
> 11부터 19까지의 수는 10개씩 묶음의 수가 1로 같고 낱개의 수가 1씩 커져요.

◆**모으기와 가르기**

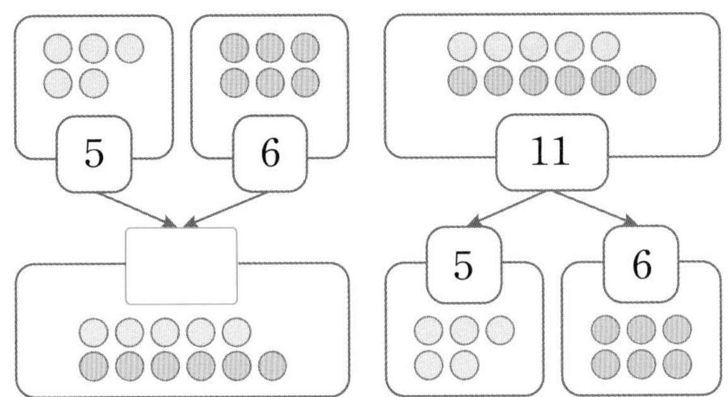

개념 3 몇십 알아보기

20	30	☐	50
이십, 스물	삼십, 서른	사십, 마흔	오십, 쉰

개념 4 몇십몇 알아보기

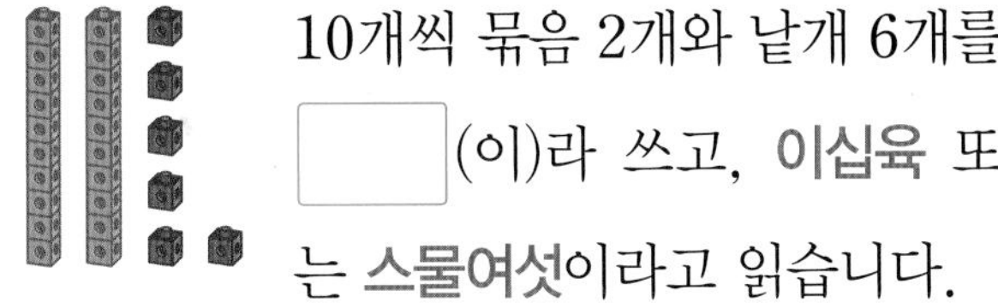

10개씩 묶음 2개와 낱개 6개를 ☐(이)라 쓰고, 이십육 또는 스물여섯이라고 읽습니다.

개념 5 50까지의 수의 순서

1씩 커집니다.

1	2	3	4	5	6	7	8	9	10
11	12	13	14	15	16	17	18	19	20
21	22	23	24	25	26	27	28	29	30
31	32	33	34	35	36	37	38	39	40
41	42	43	44	45	46	47	48	49	50

10씩 커집니다. 10씩 작아집니다.

1씩 작아집니다.

22보다 1만큼 더 작은 수는 21이고,

22보다 1만큼 더 큰 수는 ☐입니다.

개념 6 수의 크기 비교하기

◆**10개씩 묶음의 수가 다른 경우**

10개씩 묶음의 수가 클수록 더 큰 수입니다.

42와 29의 비교
- 42는 29보다 큽니다.
- 29는 42보다 작습니다.

◆**10개씩 묶음의 수가 같은 경우**

낱개의 수가 클수록 더 큰 수입니다.

32와 37의 비교
- 37은 ☐보다 큽니다.
- 32는 37보다 작습니다.

정답 ❶ 10 ❷ 11 ❸ 40 ❹ 26 ❺ 23 ❻ 32

5 단원

98~103쪽에서 같은 유형의 문제를 더 풀 수 있어요.

01~02 접시에 담겨 있는 딸기를 보고 물음에 답해 보세요.

01 딸기의 수만큼 ○를 그려 보세요.

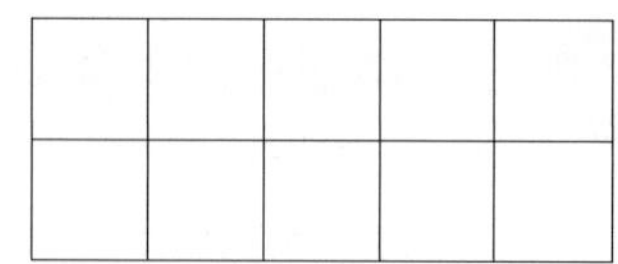

02 딸기는 모두 몇 개인지 □ 안에 알맞은 수를 써넣으세요.

□개

03 알맞게 선으로 이어 보세요.

마흔하나	41
스물	14
열넷	20

04 수를 세어 쓰고 두 가지 방법으로 읽어 보세요.

쓰기 (　　　　　　　)

읽기 (　　　　　, 　　　　　)

05 모으기를 하여 빈칸에 알맞은 수를 써넣으세요.

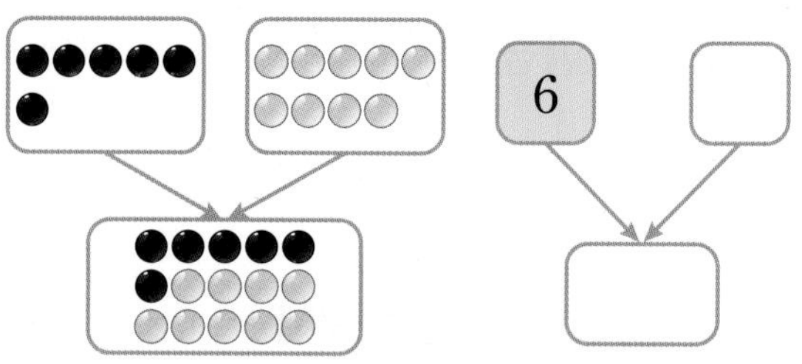

06 빈칸에 알맞은 수를 써넣으세요.

1만큼 더 작은 수 — □ — 17 — □ — 1만큼 더 큰 수

07 더 작은 수에 ○표 해 보세요.

47　　45

08 밑줄 친 10을 잘못 읽은 것을 찾아 기호를 써 보세요.

㉠ 잠자리가 <u>10</u>마리 있습니다.
→ 열

㉡ 민하의 번호는 <u>10</u>번입니다.
→ 십

㉢ 언니의 나이는 <u>10</u>살입니다.
→ 십

(　　　　　　　)

AI가 뽑은 정답률 낮은 문제

09 그림에서 사용한 연결 모형의 수는 모두 몇 개인지 구해 보세요.

98쪽 유형 2

(　　　　　　　　)

10 그림이 나타내는 수보다 1만큼 더 작은 수를 써 보세요.

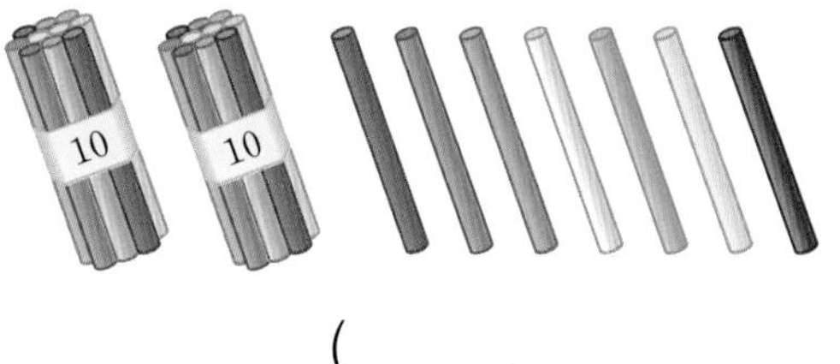

(　　　　　　　　)

11 큰 수부터 차례대로 기호를 써 보세요.

㉠ 스물아홉	㉡ 서른다섯
㉢ 마흔	㉣ 서른둘

(　　　　　　　　)

12 14를 위와 아래의 두 수로 가르기 해 보세요.

14	8		5
		7	

13 재현이는 가족들과 함께 주말 농장에서 고구마를 캤습니다. 재현이네 가족이 캔 고구마를 10개씩 묶어 세어 보니 5묶음이고 낱개가 없었다면 재현이네 가족이 캔 고구마는 모두 몇 개인지 구해 보세요.

(　　　　　　　　)

서술형

14 윤지는 사탕을 10개씩 묶음 1개와 낱개 18개를 가지고 있습니다. 윤지는 사탕을 모두 몇 개 가지고 있는지 풀이 과정을 쓰고 답을 구해 보세요.

풀이

답

5 단원

AI가 뽑은 정답률 낮은 문제

15 40부터 수의 순서를 거꾸로 하여 쓴 것입니다. ㉠~㉤ 중에서 잘못 짝 지은 것은 어느 것인가요? (　　　)

100쪽 유형 5

40	39	38		㉠		34	33
32		30			㉡		25
㉢			21	㉣			㉤

① ㉠: 36　　② ㉡: 27
③ ㉢: 24　　④ ㉣: 20
⑤ ㉤: 18

AI가 뽑은 정답률 낮은 문제

16 지원이의 출석 번호는 19번이고 효진이의 출석 번호는 27번입니다. 출석 번호 순서대로 한 줄로 섰을 때, 지원이와 효진이 사이에 서 있는 학생은 모두 몇 명인지 구해 보세요.

101쪽 유형 7

(　　　　　　)

서술형

17 30부터 40까지의 수 중에서 다음 수보다 큰 수는 모두 몇 개인지 풀이 과정을 쓰고 답을 구해 보세요.

> 10개씩 묶음 3개와 낱개 4개인 수

풀이

답

18 15는 8과 ㉠으로 가르기 할 수 있고, 12는 8과 ㉡으로 가르기 할 수 있습니다. ㉠과 ㉡에 알맞은 수의 차를 구해 보세요.

(　　　　　　)

AI가 뽑은 정답률 낮은 문제

19 수 카드 5장 중에서 2장을 골라 한 번씩만 사용하여 몇십몇을 만들려고 합니다. 만들 수 있는 수 중에서 가장 작은 수를 구해 보세요.

103쪽 유형 11

2　4　5　7　8

(　　　　　　)

20 오징어는 다리가 10개이고, 문어는 다리가 8개입니다. 수조에 있는 오징어와 문어의 마리 수가 같고, 오징어의 전체 다리 수가 문어의 전체 다리 수보다 8개 더 많습니다. 수조에 오징어는 몇 마리 있는지 구해 보세요.

(　　　　　　)

점수

98~103쪽에서 같은 유형의 문제를 더 풀 수 있어요.

01 10개인 것을 찾아 ○표 해 보세요.

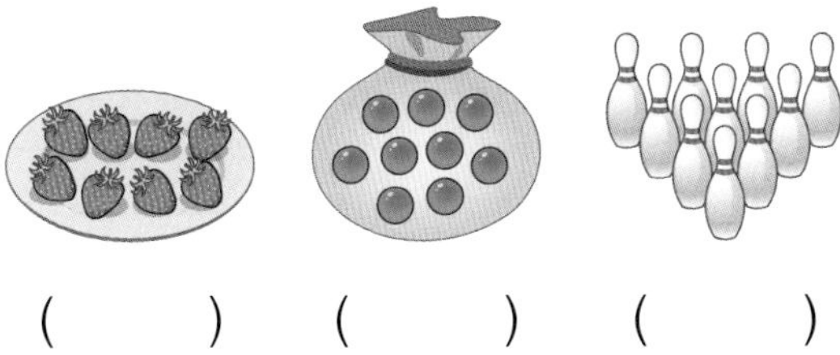

( ) ( ) ( )

02 보기와 같이 수를 두 가지 방법으로 읽어 보세요.

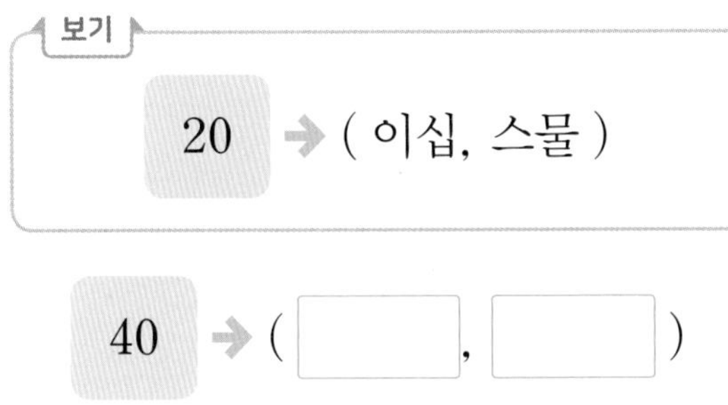

03 곶감의 수를 세어 쓰고 두 가지 방법으로 읽어 보세요.

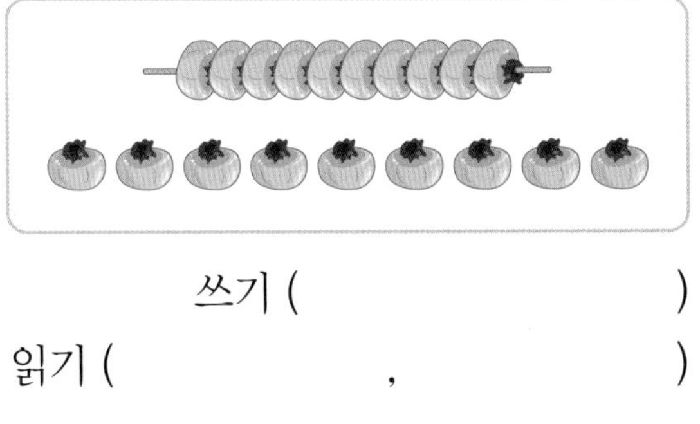

쓰기 ( )

읽기 (,)

04 수를 순서대로 써넣으려고 합니다. 빈칸에 알맞은 수를 써넣으세요.

05 그림을 보고 □ 안에 알맞은 수를 써넣으세요.

06 빈칸에 알맞은 수를 써넣으세요.

수	10개씩 묶음	낱개
27	2	
32		2
	4	0

07 알맞은 말에 ○표 해 보세요.

- 21은 25보다 (큽니다 , 작습니다).
- 35는 25보다 (큽니다 , 작습니다).

5 단원

08 모으기를 하여 11이 되는 두 묶음을 색칠해 보세요.

AI가 뽑은 정답률 낮은 문제

09 아리는 붙임 딱지를 8장 가지고 있습니다. 붙임 딱지가 10장이 되려면 몇 장이 더 필요한지 구해 보세요.

98쪽 유형 1

(   )

서술형

10 사탕을 10개씩 묶어서 모두 몇 개인지 구하려고 합니다. 풀이 과정을 쓰고 답을 구해 보세요.

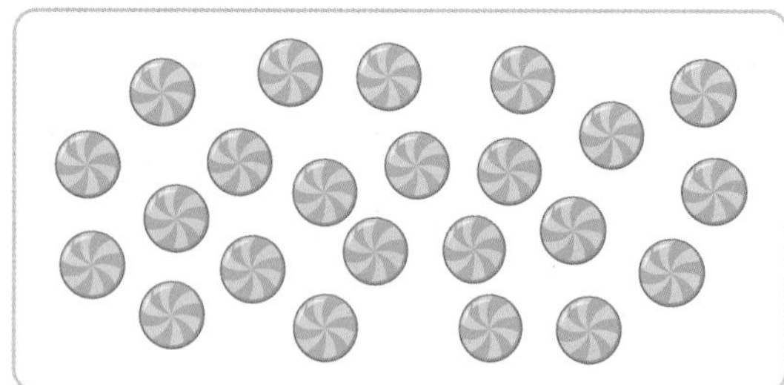

풀이

답

11 두 가지 방법으로 가르기를 해 보세요.

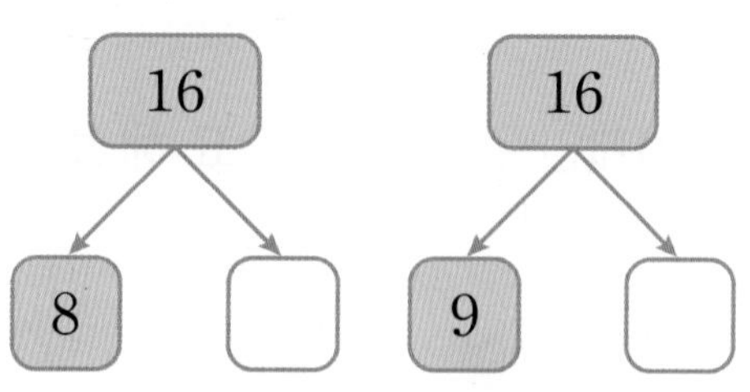

12 10개씩 묶음 2개와 낱개 5개인 수보다 큰 수는 모두 몇 개인지 구해 보세요.

21	25	43	17
36	42	29	50

(   )

AI가 뽑은 정답률 낮은 문제

13 유주는 쿠키를 스물네 개 만들었고, 지훈이는 쿠키를 10개씩 묶음 1개와 낱개 15개를 만들었습니다. 쿠키를 더 많이 만든 사람은 누구인지 이름을 써 보세요.

99쪽 유형 4

(   )

14 19보다 1만큼 더 큰 수는 어떤 수보다 1만큼 더 작은 수와 같습니다. 어떤 수를 구해 보세요.

(   )

AI가 뽑은 정답률 낮은 문제

15 ㉠에 알맞은 수를 구해 보세요.

100쪽 유형 6

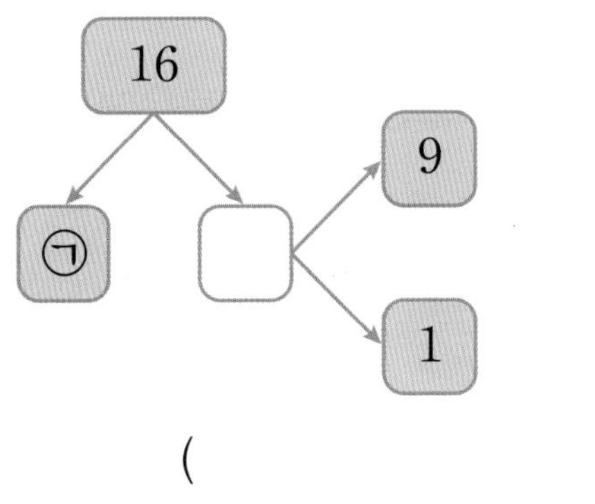

(　　　　　　　　)

16 □ 안에 같은 수를 넣으려고 합니다. □ 안에 들어갈 수 있는 수를 모두 구해 보세요.

- □은/는 19보다 큽니다.
- □은/는 23보다 작습니다.

(　　　　　　　　)

서술형

17 사탕 42개를 한 봉지에 10개씩 담아서 포장하려고 합니다. 사탕이 적어도 몇 개 더 있으면 5봉지를 만들 수 있는지 풀이 과정을 쓰고 답을 구해 보세요.

풀이

답

AI가 뽑은 정답률 낮은 문제

18 태상이와 연수가 연필 14자루를 남김없이 나누어 가지려고 합니다. 태상이가 연수보다 4자루 더 많이 가지려면 태상이는 연필을 몇 자루 가져야 하는지 구해 보세요.

101쪽 유형 8

(　　　　　　　　)

19 규칙에 따라 수를 늘어놓았을 때 ㉠과 ㉡에 알맞은 수를 각각 구해 보세요.

14	18	22	㉠
30	㉡	38	42

㉠ (　　　　　　　　)
㉡ (　　　　　　　　)

AI가 뽑은 정답률 낮은 문제

20 조건에 맞는 수를 구해 보세요.

103쪽 유형 12

조건
- 10개씩 묶음의 수와 낱개의 수를 모으면 10이 됩니다.
- 15와 20 사이에 있는 수입니다.

(　　　　　　　　)

5 단원

점수

98~103쪽에서 같은 유형의 문제를 더 풀 수 있어요.

01 수의 순서에 맞게 세어 보려고 합니다. 빈칸에 알맞은 말을 써넣으세요.

여섯 – 일곱 – 여덟 – 아홉 – [ ]

02 그림을 보고 [ ] 안에 알맞은 수를 써넣으세요.

7보다 3만큼 더 큰 수는 [ ]입니다.

03 빈칸에 알맞은 말을 써넣으세요.

수	20	30	40	50
읽기	이십	삼십	사십	오십
	스물			

04 [ ] 안에 알맞은 수를 써넣고, 알맞게 선으로 이어 보세요.

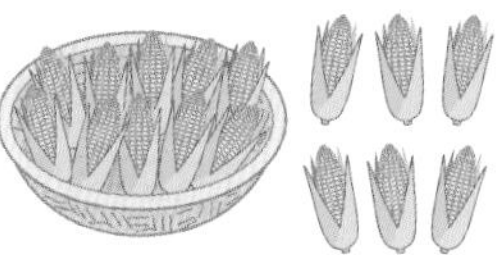

[ ] [ ]

십육(열여섯) 십삼(열셋)

05~06 그림을 보고 물음에 답해 보세요.

가 나

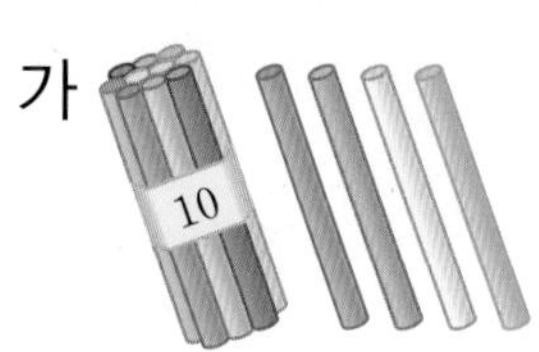

05 빈칸에 알맞은 수를 써넣으세요.

그림	가	나
10개씩 묶음	1	2
낱개		
수		

06 가와 나가 나타내는 수의 크기를 비교하려고 합니다. [ ] 안에 알맞은 수를 써넣으세요.

[ ]는 [ ]보다 큽니다.

07 빈칸에 알맞은 수를 써넣으세요.

1만큼 더 작은 수 1만큼 더 큰 수

[ ] – 38 – [ ]

08 사탕과 과자를 모으기 하면 모두 몇 개인지 구해 보세요.

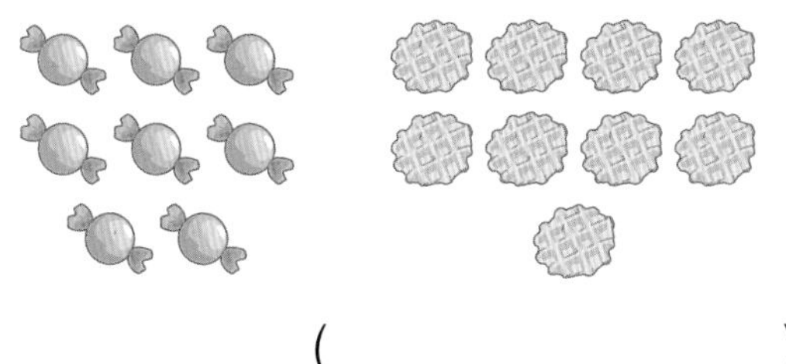

( )

09 더 큰 수를 찾아 수로 나타내어 보세요.

마흔넷 서른일곱

( )

10 순서를 거꾸로 하여 쓸 때 ㉠에 알맞은 수를 구해 보세요.

25	24			㉠

( )

11 18을 두 수로 가르기 한 것입니다. 잘못 가르기 한 것을 찾아 기호를 써 보세요.

㉠ 3과 15	㉡ 9와 9
㉢ 12와 7	㉣ 14와 4

( )

12 밤을 한 봉지에 10개씩 담았더니 4봉지가 되고 5개가 남았습니다. 밤은 모두 몇 개인지 구해 보세요.

( )

AI가 뽑은 정답률 낮은 문제

13 가장 큰 수를 찾아 기호를 써 보세요.

99쪽 유형 3

㉠ 30보다 1만큼 더 작은 수
㉡ 스물아홉보다 1만큼 더 큰 수
㉢ 10개씩 묶음 2개와 낱개 11개인 수

( )

서술형

14 소민이네 집은 20층과 22층 사이에 있습니다. 소민이의 바로 아랫집이 상하네 집일 때, 상하네 집에 가려면 엘리베이터를 타고 몇 층에서 내려야 할지 풀이 과정을 쓰고 답을 구해 보세요.

풀이

답

서술형

15 (정육면체 그림)으로 **보기**의 모양을 몇 개 만들 수 있는지 풀이 과정을 쓰고 답을 구해 보세요.

풀이

답

16 22와 ㉠ 사이에 수가 3개 있습니다. ㉠이 될 수 있는 수를 모두 구해 보세요.

( )

AI가 뽑은 정답률 낮은 문제

17 서은이와 언니가 딸기 13개를 남김없이 나누어 먹으려고 합니다. 서은이가 언니보다 더 적게 먹는 경우는 모두 몇 가지인지 구해 보세요. (단, 서은이와 언니는 딸기를 적어도 한 개씩은 먹습니다.)

101쪽 유형 8

( )

AI가 뽑은 정답률 낮은 문제

18 0부터 9까지의 수 중에서 □ 안에 들어갈 수 있는 수를 모두 구해 보세요.

102쪽 유형10

1□은/는 13보다 크고 16보다 작습니다.

( )

AI가 뽑은 정답률 낮은 문제

19 수 카드 4장 중에서 2장을 골라 한 번씩만 사용하여 몇십몇을 만들려고 합니다. 만들 수 있는 수 중에서 가장 큰 수와 가장 작은 수를 각각 구해 보세요.

103쪽 유형11

1 2 3 4

가장 큰 수 ( )

가장 작은 수 ( )

AI가 뽑은 정답률 낮은 문제

20 수를 가르고 모은 것입니다. 같은 모양은 같은 수를 나타낼 때 ●에 알맞은 수를 구해 보세요.

100쪽 유형 6

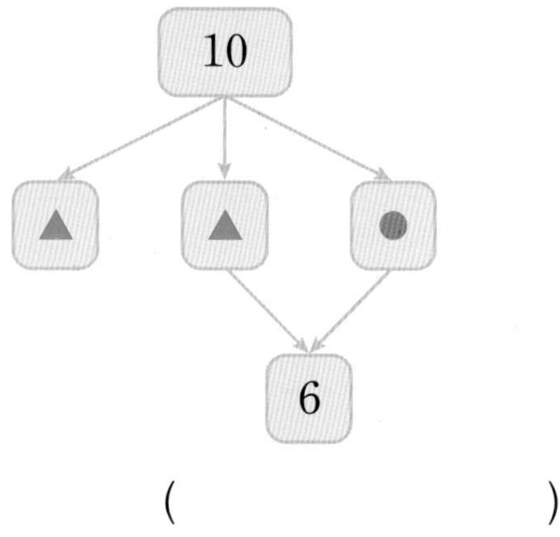

( )

점수

98~103쪽에서 같은 유형의 문제를 더 풀 수 있어요.

01 참외를 10개씩 묶고, □ 안에 알맞은 수를 써넣으세요.

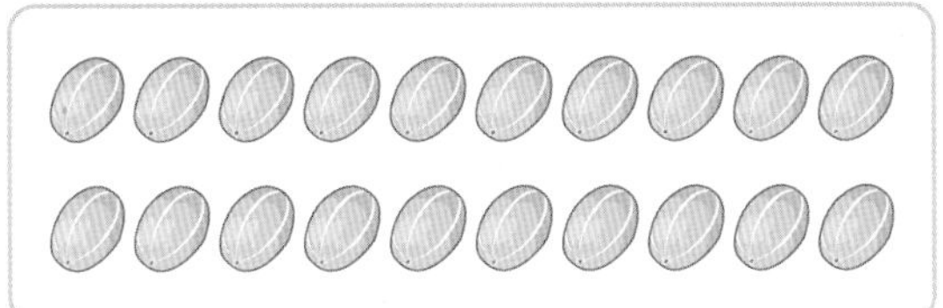

10개씩 묶음 □개는 □입니다.

02 50이 되도록 ○를 더 그려 넣으세요.

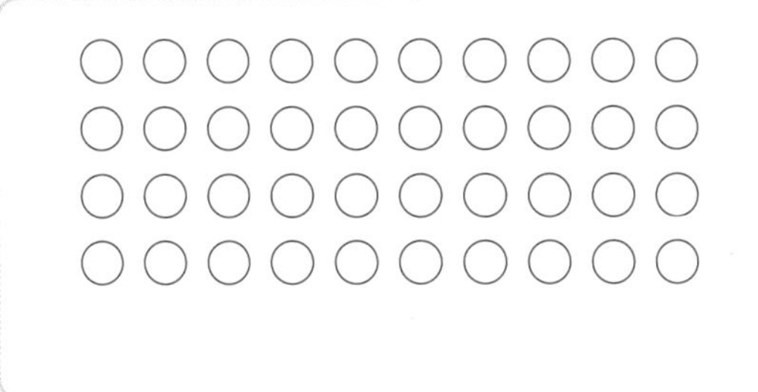

03 그림을 보고 빈칸에 알맞게 써넣으세요.

쓰기	읽기	

04 나타내는 수가 다른 하나를 찾아 기호를 써 보세요.

㉠ 열둘 ㉡ 십이
㉢ 이십 ㉣ 12

( )

05~06 10칸을 두 가지 색으로 칠하고, 빈칸에 알맞은 수를 써넣으세요.

05

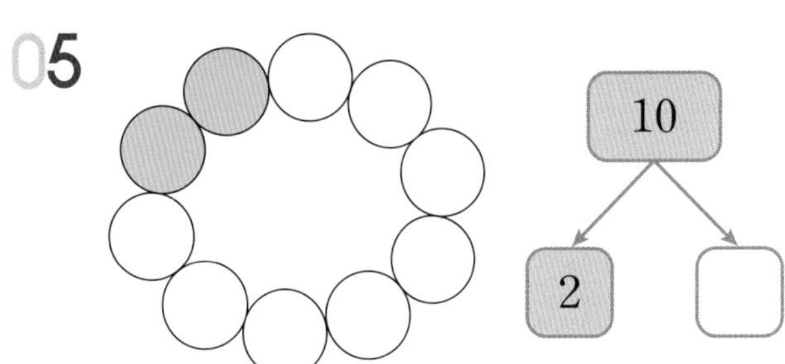

06

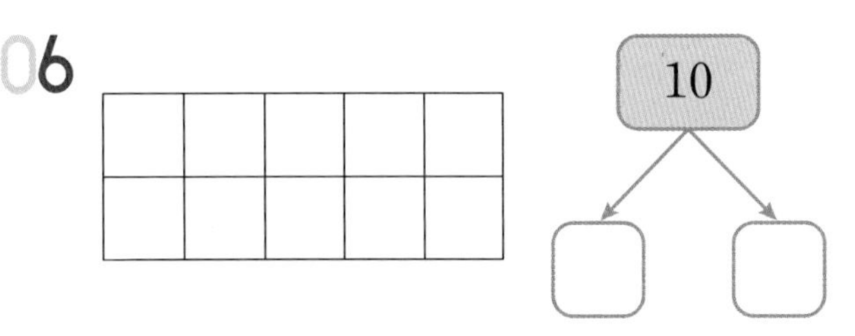

07 두 수를 모으기 하면 얼마가 되는지 구해 보세요.

5	8

( )

08 숫자 4가 40을 나타내는 수를 찾아 ○표 해 보세요.

24 43 34

AI가 뽑은 정답률 낮은 문제

09 그림에서 사용한 연결 모형의 수는 모두 몇 개인지 구해 보세요.

98쪽 유형 2

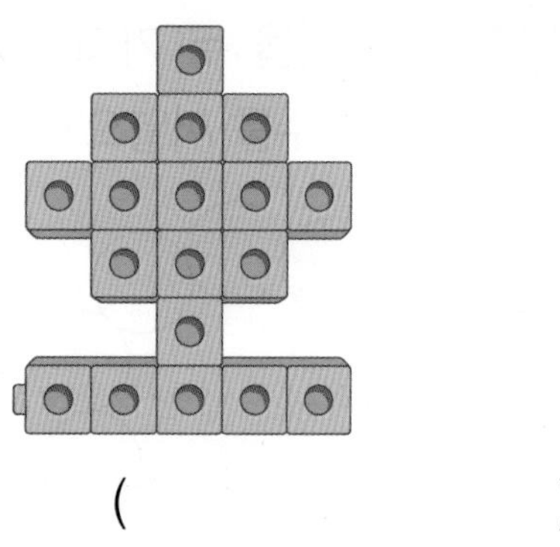

(　　　　　　　)

10 가장 작은 수를 찾아 써 보세요.

40	36	39

(　　　　　　　)

11 진수와 서하는 가게에서 음료수를 주문했습니다. 진수의 주문 번호는 21번이고, 서하의 주문 번호는 진수의 바로 뒤의 번호입니다. 서하의 주문 번호는 몇 번인지 구해 보세요.

(　　　　　　　)

12 모으기 한 수가 다른 하나는 어느 것인가요? (　　　)

① 5와 9　② 7과 7
③ 8과 6　④ 9와 4
⑤ 6과 8

13 짝 지은 두 수의 크기를 비교하여 큰 수를 아래의 빈칸에 써넣으세요.

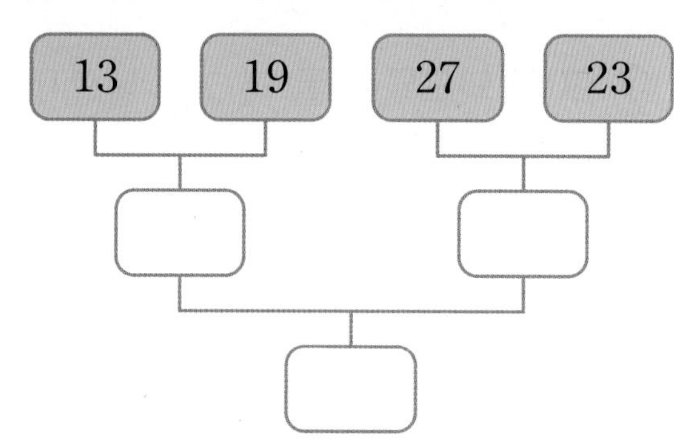

서술형

14 다음 수보다 1만큼 더 작은 수는 얼마인지 풀이 과정을 쓰고 답을 구해 보세요.

10개씩 묶음 2개와 낱개 12개인 수

풀이

답

15 ㉠과 ㉡에 알맞은 수 중에서 더 큰 수를 찾아 기호를 써 보세요.

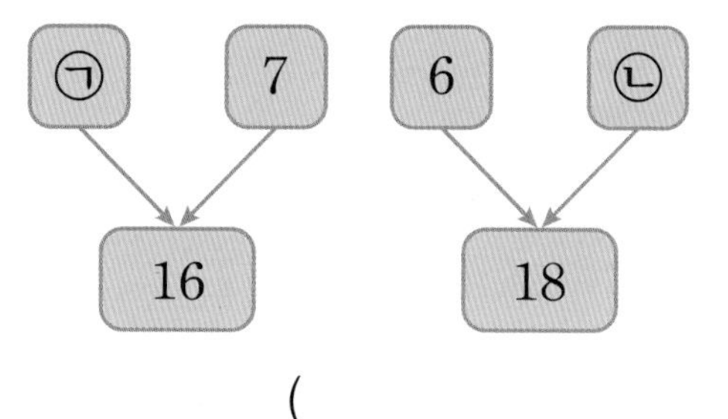

(　　　　　　　　)

서술형

16 다음 두 수가 같은 수일 때 □ 안에 알맞은 수는 얼마인지 풀이 과정을 쓰고 답을 구해 보세요.

- 28보다 1만큼 더 큰 수입니다.
- □보다 1만큼 더 작은 수입니다.

풀이

답

AI가 뽑은 정답률 낮은 문제

17 빵이 10개씩 묶음 2개와 낱개 5개가 있습니다. 이 중에서 4개를 먹었을 때 남은 빵은 몇 개인지 구해 보세요.

102쪽 유형 9

(　　　　　　　　)

AI가 뽑은 정답률 낮은 문제

18 수빈이가 가진 수 카드의 수는 민성이가 가진 수 카드의 수보다 크고, 은수가 가진 수 카드의 수보다 작습니다. 수빈이가 가진 수 카드의 수를 구해 보세요.

102쪽 유형10

18	□5	33
민성	수빈	은수

(　　　　　　　　)

AI가 뽑은 정답률 낮은 문제

19 1부터 50까지 수를 순서대로 써넣은 표의 일부분입니다. 규칙을 찾아 아래의 빈칸에 알맞은 수를 써넣으세요.

100쪽 유형 5

15	16	17	18	19	20	21
22	23	24	25	26	27	28
29	30					

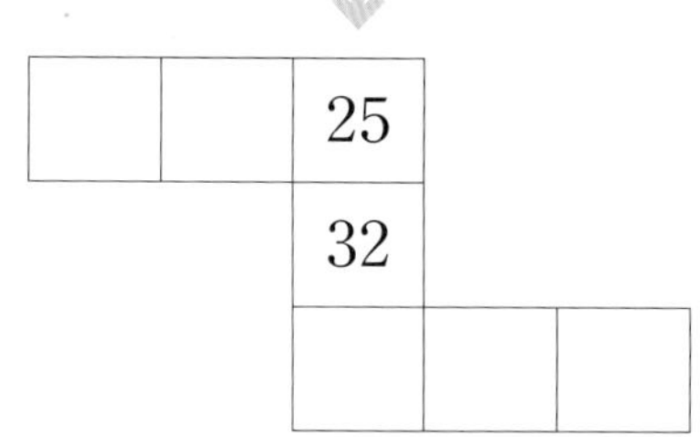

20 1부터 50까지의 수를 한 번씩 모두 썼을 때, 숫자 2는 모두 몇 번 쓰게 되는지 구해 보세요.

(　　　　　　　　)

2회 9번

유형 1 10을 만들기 위해 필요한 수 구하기

오른쪽 그림과 같은 판에 달걀 10개를 담으려고 합니다. 달걀을 몇 개 더 담아야 하는지 구해 보세요.

(　　　　　)

Tip 모으기를 해서 10이 되는 수를 찾아요.

1-1 오른쪽 그림과 같은 상자에 사과를 10개 담으려고 합니다. 사과를 몇 개 더 담아야 하는지 구해 보세요.

(　　　　　)

1-2 오른쪽 그림과 같은 봉지에 귤을 10개 담으려고 합니다. 귤을 몇 개 더 담아야 하는지 구해 보세요.

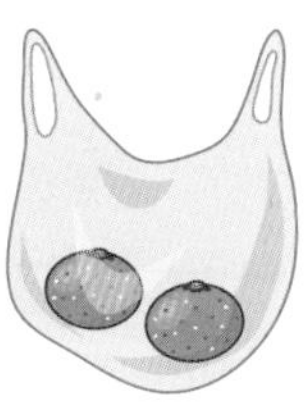

(　　　　　)

1-3 지아는 색종이를 3장 가지고 있습니다. 색종이가 10장이 되려면 몇 장이 더 필요한지 구해 보세요.

(　　　　　)

1회 9번 4회 9번

유형 2 사용한 블록(연결 모형)의 수 구하기

그림에서 사용한 블록의 수는 모두 몇 개인지 구해 보세요.

(　　　　　)

Tip 블록을 10개씩 묶어서 묶음의 수와 낱개의 수를 각각 구해요.

2-1 그림에서 사용한 블록의 수는 모두 몇 개인지 구해 보세요.

(　　　　　)

2-2 오른쪽 그림에서 사용한 연결 모형의 수는 모두 몇 개인지 구해 보세요.

(　　　　　)

2-3 그림에서 사용한 연결 모형의 수는 모두 몇 개인지 구해 보세요.

(　　　　　)

3회 13번

유형 3 수로 나타내어 크기 비교하기

가장 작은 수를 찾아 기호를 써 보세요.

㉠ 10개씩 묶음 2개와 낱개 7개인 수
㉡ 28보다 1만큼 더 큰 수
㉢ 27과 29 사이에 있는 수

( )

Tip 먼저 ㉠, ㉡, ㉢이 나타내는 수를 각각 구한 다음 크기를 비교해요.

3-1 가장 큰 수를 찾아 기호를 써 보세요.

㉠ 48보다 1만큼 더 작은 수
㉡ 마흔일곱보다 1만큼 더 큰 수
㉢ 쉰

( )

3-2 가장 큰 수를 찾아 기호를 써 보세요.

㉠ 40보다 1만큼 더 큰 수
㉡ 10개씩 묶음이 4개인 수
㉢ 마흔셋보다 1만큼 더 작은 수

( )

3-3 큰 수부터 차례대로 기호를 써 보세요.

㉠ 10개씩 묶음이 3개인 수
㉡ 이십구
㉢ 30보다 1만큼 더 큰 수

( )

2회 13번

유형 4 수의 크기를 비교하여 문제 해결하기

민서는 연필을 10자루씩 묶음 3개와 낱개 12자루를 가지고 있고, 진주는 연필을 41자루 가지고 있습니다. 연필을 더 많이 가지고 있는 사람은 누구인지 이름을 써 보세요.

( )

Tip 먼저 민서가 가지고 있는 연필의 수를 구한 다음 크기를 비교해요.

4-1 채아는 종이학을 스물한 개 접었고, 수현이는 종이학을 10개씩 묶음 1개와 낱개 9개를 접었습니다. 종이학을 더 많이 접은 사람은 누구인지 이름을 써 보세요.

( )

4-2 다솜이는 구슬을 10개씩 묶음 2개와 낱개 9개를 가지고 있고, 태산이는 구슬을 31보다 1만큼 더 작은 수만큼 가지고 있습니다. 구슬을 더 적게 가지고 있는 사람은 누구인지 이름을 써 보세요.

( )

4-3 현수는 빨간색 볼펜을 10자루씩 묶음 2개와 낱개 8자루를 가지고 있고, 파란색 볼펜을 27자루 가지고 있고, 검은색 볼펜을 30자루 가지고 있습니다. 현수가 가장 적게 가지고 있는 볼펜은 무슨 색인지 구해 보세요.

( )

1회 15번 4회 19번

유형 5 수의 순서대로 빈칸 채우기

규칙을 정하여 순서대로 수를 배열한 것입니다. 빈칸에 알맞은 수를 써넣으세요.

15	20	21	26	27	32
16		22		28	
17	18	23	24	29	30

Tip 수가 순서대로 적힌 방향을 찾아 빠진 수를 써넣어요.

5-1 규칙을 정하여 순서대로 수를 배열한 것입니다. 빈칸에 알맞은 수를 써넣으세요.

27	28	29	30		32
33	34			37	38
	40	41	42	43	44
45		47		49	50

5-2 규칙을 정하여 순서대로 수를 배열한 것입니다. 빈칸에 알맞은 수를 써넣으세요.

1	2	3	4	5	6	7
24		26	27	28		8
23	40	41	42	43	30	9
22	39		49		31	10
21	38	47	46	45	32	11
20		36	35	34		12
19	18	17	16	15	14	13

2회 15번 3회 20번

유형 6 모으기(가르기)를 여러 번 하기

빈칸에 알맞은 수를 써넣으세요.

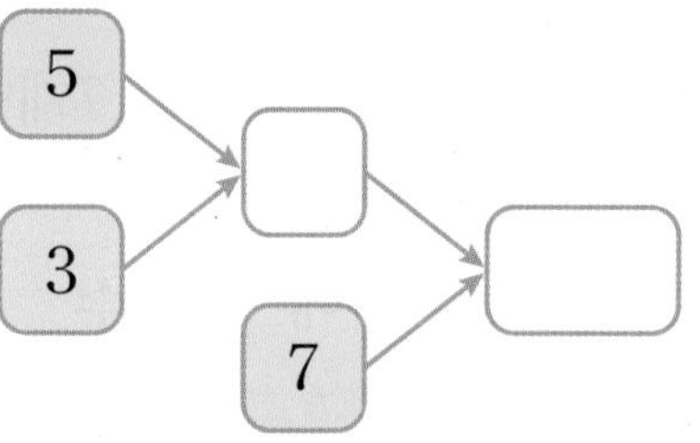

Tip 먼저 5와 3을 모으기 한 다음 그 결과와 7을 한 번 더 모으기 해요.

6-1 빈칸에 알맞은 수를 써넣으세요.

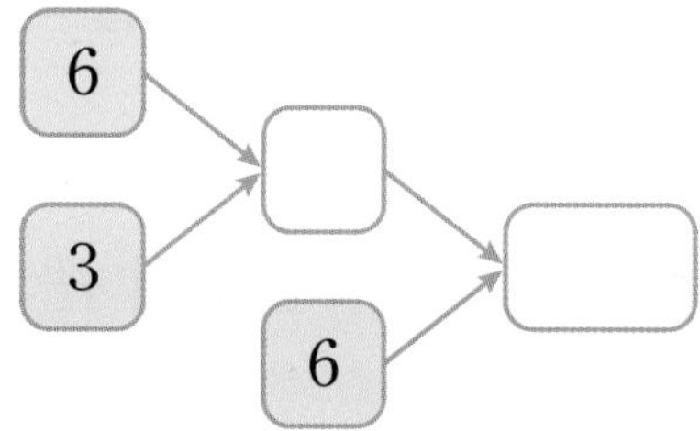

6-2 ㉠에 알맞은 수를 구해 보세요.

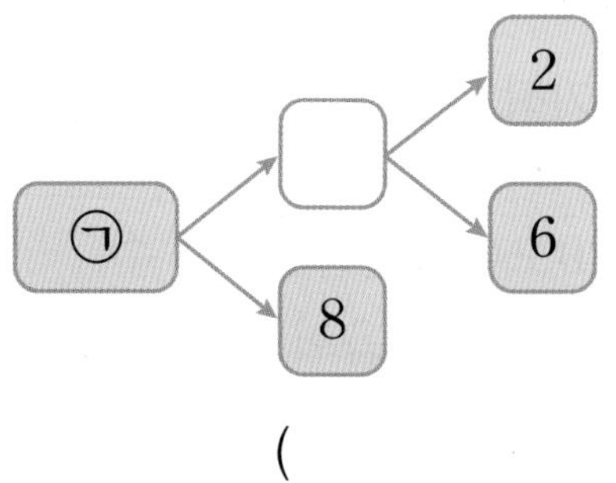

( )

6-3 ㉠에 알맞은 수를 구해 보세요.

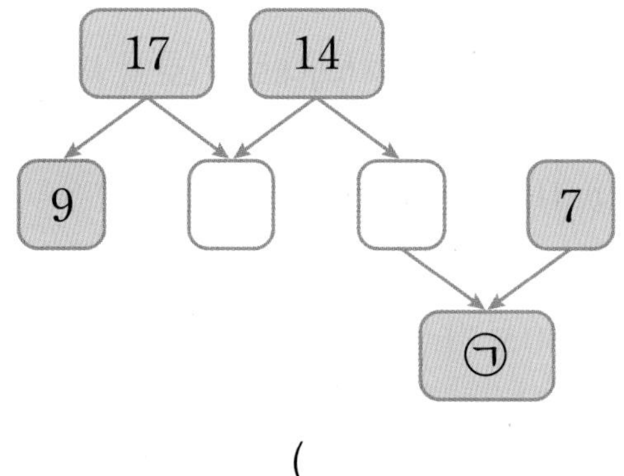

( )

1회 16번

유형 7 몇째와 몇째 사이에 있는 사람 수 구하기

박물관에 입장하기 위해 사람들이 한 줄로 줄을 섰습니다. 지유는 27째에 서 있고, 태서는 36째에 서 있습니다. 지유와 태서 사이에는 몇 명이 서 있는지 구해 보세요.

(　　　　　　)

Tip 27과 36 사이에 있는 수를 순서대로 쓴 다음 그 개수를 세어요.

7-1 유경이네 학교 학생들이 뮤지컬 관람을 갔습니다. 번호 순서대로 관람석에 앉았다면 15번과 23번 사이에는 몇 명이 앉아 있는지 구해 보세요.

(　　　　　　)

7-2 급식을 받기 위해 21명의 학생들이 한 줄로 서 있습니다. 기형이는 앞에서 열넷째에 서 있고 준우는 뒤에서 셋째에 서 있습니다. 기형이와 준우 사이에는 몇 명이 서 있는지 구해 보세요.

(　　　　　　)

7-3 놀이기구를 타려고 17명이 한 줄로 서 있습니다. 태은이는 앞에서 아홉째에 서 있고 수민이는 뒤에서 다섯째에 서 있습니다. 태은이와 수민이 사이에는 몇 명이 서 있는지 구해 보세요.

(　　　　　　)

2회 18번 3회 17번

유형 8 조건에 맞게 나누어 갖기

다은이와 동생이 과자 13개를 남김없이 나누어 먹으려고 합니다. 다은이가 동생보다 3개 더 많이 먹으려면 다은이는 과자를 몇 개 먹어야 하는지 구해 보세요.

(　　　　　　)

Tip 13을 가르기 하는 방법 중에서 조건에 맞는 경우를 찾아요.

다은	1	2	3	4	5	6	7	8	9	10	11	12
동생	12	11	10	9	8	7	6	5	4	3	2	1

8-1 예린이와 지호는 풍선 16개를 남김없이 똑같이 나누어 가지려고 합니다. 한 사람이 풍선을 몇 개씩 가지면 되는지 구해 보세요.

(　　　　　　)

8-2 태주와 소미가 공책 14권을 남김없이 나누어 가지려고 합니다. 태주가 소미보다 공책을 더 많이 가지도록 나누는 방법은 모두 몇 가지인지 구해 보세요. (단, 태주와 소미는 공책을 적어도 한 권씩은 가집니다.)

(　　　　　　)

8-3 승호와 예나가 사탕 15개를 남김없이 나누어 가지려고 합니다. 승호가 예나보다 사탕을 더 많이 가지도록 나누는 방법은 모두 몇 가지인지 구해 보세요. (단, 승호와 예나는 사탕을 적어도 한 개씩은 가집니다.)

(　　　　　　)

5 단원

4회 17번

유형 9 남은 개수 구하기

유라는 한 봉지에 10개씩 들어 있는 초콜릿 3봉지와 낱개 5개를 샀습니다. 그중에서 2봉지를 친구들에게 나누어 주었습니다. 유라에게 남은 초콜릿은 몇 개인지 구해 보세요.

(　　　　　　　　)

Tip 유라에게 남은 초콜릿 봉지의 수와 낱개의 수를 확인해요.

9-1 과일 가게에 한 상자에 10개씩 들어 있는 배가 5상자 있습니다. 그중에서 2상자를 팔았다면 남은 배는 몇 개인지 구해 보세요.

(　　　　　　　　)

9-2 수지는 한 봉지에 10개씩 들어 있는 머리끈 3봉지와 낱개 7개를 샀습니다. 그중에서 6개를 동생에게 주었다면 수지에게 남은 머리끈은 몇 개인지 구해 보세요.

(　　　　　　　　)

9-3 하윤이는 책을 마흔여섯 권 가지고 있습니다. 이 책을 한 상자에 10권씩 넣으면 몇 권이 남는지 구해 보세요.

(　　　　　　　　)

3회 18번 4회 18번

유형 10 □ 안에 들어갈 수 있는 수 구하기

0부터 9까지의 수 중에서 □ 안에 들어갈 수 있는 수를 모두 구해 보세요.

1□은/는 13보다 작습니다.

(　　　　　　　　)

Tip 1□와 13은 10개씩 묶음의 수가 같으므로 낱개의 수를 비교하여 □ 안에 들어갈 수 있는 수를 구해요.

10-1 1부터 5까지의 수 중에서 □ 안에 들어갈 수 있는 수는 모두 몇 개인지 구해 보세요.

48은 □0보다 큽니다.

(　　　　　　　　)

10-2 0부터 9까지의 수 중에서 □ 안에 들어갈 수 있는 수는 모두 몇 개인지 구해 보세요.

3□은/는 34보다 크고 38보다 작습니다.

(　　　　　　　　)

1회 19번 3회 19번

유형 11 수 카드로 몇십몇 만들기

수 카드 3장 중에서 2장을 골라 한 번씩만 사용하여 몇십몇을 만들려고 합니다. 만들 수 있는 수 중에서 가장 작은 수를 구해 보세요.

2 3 5

(　　　　　　　　)

Tip 가장 작은 몇십몇을 만들려면 10개씩 묶음의 수에 가장 작은 수를 놓고, 낱개의 수에 둘째로 작은 수를 놓아야 해요.

11-1 수 카드 3장 중에서 2장을 골라 한 번씩만 사용하여 몇십몇을 만들려고 합니다. 만들 수 있는 수 중에서 가장 큰 수를 구해 보세요.

1 3 4

(　　　　　　　　)

11-2 수 카드 4장 중에서 2장을 골라 한 번씩만 사용하여 몇십몇을 만들려고 합니다. 만들 수 있는 수 중에서 20보다 크고 30보다 작은 수는 모두 몇 개인지 구해 보세요.

1 2 3 4

(　　　　　　　　)

2회 20번

유형 12 조건에 맞는 수 구하기

조건에 맞는 수를 구해 보세요.

조건
- 10개씩 묶음의 수와 낱개의 수를 바꾸어도 같은 수입니다.
- 10과 20 사이에 있는 수입니다.

(　　　　　　　　)

Tip 10개씩 묶음의 수와 낱개의 수를 바꾸어도 같은 수이므로 조건에 맞는 수는 ●●이에요.

12-1 **조건**에 맞는 수 중에서 가장 작은 수와 가장 큰 수를 각각 구해 보세요.

조건
- 27과 42 사이에 있는 수입니다.
- 10개씩 묶음의 수가 낱개의 수보다 큽니다.

가장 작은 수 (　　　　　　　　)

가장 큰 수 (　　　　　　　　)

12-2 **조건**에 맞는 수를 모두 구해 보세요.

조건
- 10개씩 묶음의 수가 있고, 낱개의 수가 0이 아닙니다.
- 10개씩 묶음의 수와 낱개의 수의 합이 4인 수입니다.

(　　　　　　　　)

MEMO

아이와 평생 함께할 습관을 만듭니다.

아이스크림 홈런 2.0

공부를 좋아하는 습관

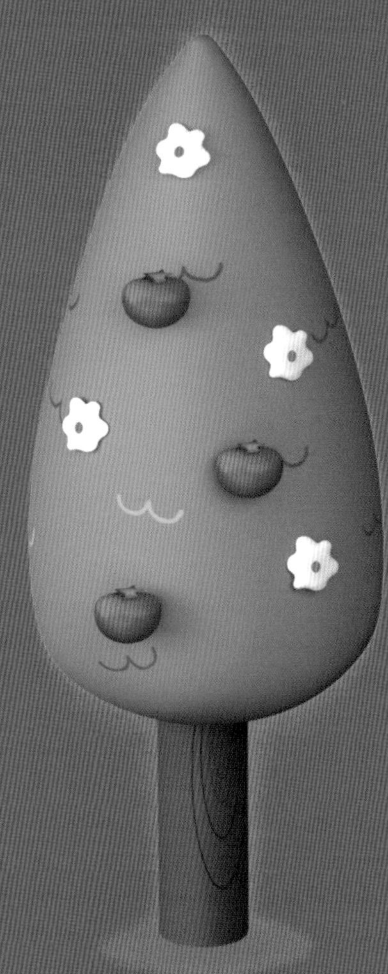

기본을 단단하게
나만의 속도로
무엇보다 재미있게

아이스크림 더 실전

i-Scream edu

정답 및 풀이

1단원 9까지의 수

6~8쪽 AI가 추천한 단원 평가 1회

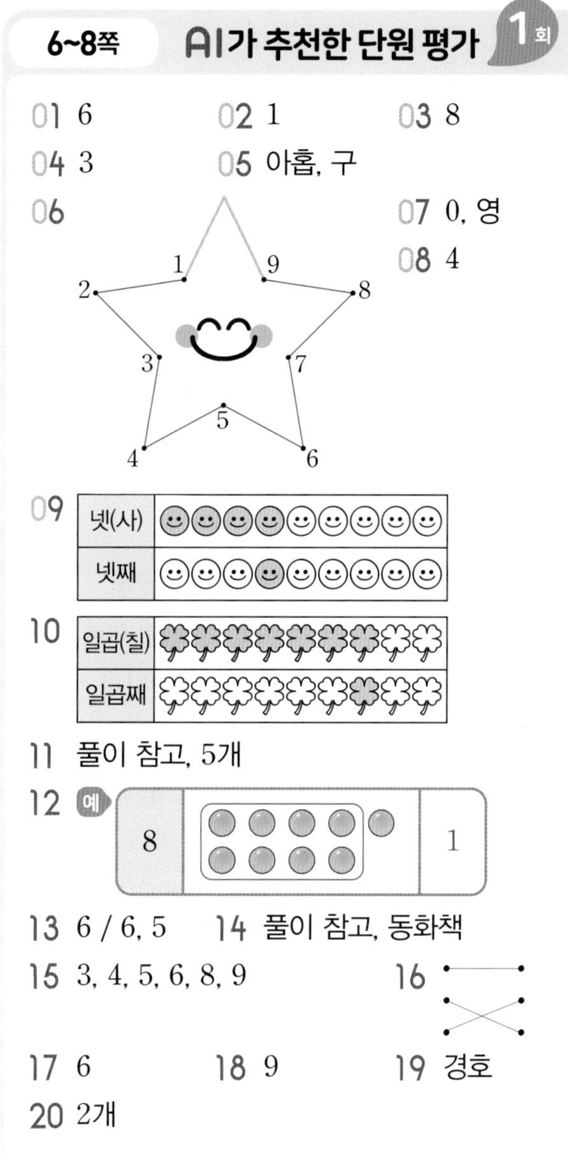

01 6　02 1　03 8
04 3　05 아홉, 구
06　07 0, 영
08 4
09
10
11 풀이 참고, 5개
12 예 8 / 1
13 6 / 6, 5　14 풀이 참고, 동화책
15 3, 4, 5, 6, 8, 9　16
17 6　18 9　19 경호
20 2개

09~10 몇은 수를 나타내므로 ■개만큼 색칠하고, 몇째는 순서를 나타내므로 ■째 하나에만 색칠합니다.

11 예 배의 수를 세어 보면 4개입니다.」❶
4보다 1만큼 더 큰 수는 5이므로 사과는 5개입니다.」❷

채점 기준

❶ 배의 수 구하기	2점
❷ 사과의 수 구하기	3점

12 구슬을 8개 세어서 묶고 남은 것을 세어 보면 하나이므로 묶지 않은 것의 수는 1입니다.

13 • 노란색 연결 모형(5)은 파란색 연결 모형(6)보다 1개 더 적으므로 5는 6보다 1만큼 더 작은 수입니다.
• 파란색 연결 모형(6)은 노란색 연결 모형(5)보다 1개 더 많으므로 6은 5보다 1만큼 더 큰 수입니다.

14 예 수를 순서대로 놓았을 때 8이 6보다 뒤의 수이므로 8이 6보다 더 큽니다.」❶
따라서 더 많이 읽은 책은 동화책입니다.」❷

채점 기준

❶ 8과 6의 크기 비교하기	3점
❷ 더 많이 읽은 책 알아보기	2점

16 • 왼쪽에서 셋째

1 2 3 4 5 6 7 8 9
ㄱ ㄴ ㄷ ㄹ ㅁ ㅂ ㅅ ㅇ ㅈ

• 왼쪽에서 여섯째

1 2 3 4 5 6 7 8 9
ㄱ ㄴ ㄷ ㄹ ㅁ ㅂ ㅅ ㅇ ㅈ

• 오른쪽에서 여섯째

1 2 3 4 5 6 7 8 9
ㄱ ㄴ ㄷ ㄹ ㅁ ㅂ ㅅ ㅇ ㅈ

17 4부터 7까지의 수를 순서대로 놓으면 4, 5, 6, 7이고 이 중에서 둘째인 5와 넷째인 7 사이에 있는 수는 6입니다.

18 어떤 수보다 1만큼 더 작은 수가 7이므로 어떤 수는 7보다 1만큼 더 큰 수인 8입니다.
따라서 8보다 1만큼 더 큰 수는 9입니다.

19 • 지은: 1보다 1만큼 더 큰 수는 2이므로 먹은 귤은 2개입니다.
• 민우: 아무것도 없는 것은 0이므로 먹은 귤은 0개입니다.
• 경호: 4보다 1만큼 더 작은 수는 3이므로 먹은 귤은 3개입니다.
따라서 귤을 가장 많이 먹은 사람은 경호입니다.

20 3부터 8까지의 수를 순서대로 써 보면 3, 4, 5, 6, 7, 8이므로 3과 8 사이의 수는 4, 5, 6, 7입니다. 이 중에서 6보다 작은 수는 4, 5이므로 조건에 맞는 수는 모두 2개입니다.

9~11쪽 AI가 추천한 단원 평가 2회

01 2　02 4　03 6

04 　05 3 / 셋, 삼

06 ①②③④⑤⑥⑦⑧⑨

07 ①②③④⑤⑥⑦⑧⑨

08 2, 0, 5

09

아홉(구)	
아홉째	

10 0, 영　11 풀이 참고　12

13 예 놀이터에서 3명의 아이들이 놀고 있었는데 모두 집으로 돌아가 0명이 남았습니다.

14 풀이 참고　15 6, 3, 5, 9, 0

16 7호　17 5　18 3개

19 ㉢, ㉠, ㉡　20 6개

10 사과가 한 개 있으므로 사과의 수는 1입니다. 1보다 1만큼 더 작은 수는 0이고, 영이라고 읽습니다.

11 예 권수를 나타낼 때에는 '일'이 아닌 '하나'로 읽어야 합니다.」❶
따라서 바르게 고쳐 보면 다음과 같습니다.
'나는 이번 주에 책을 한 권 읽었어.'」❷

채점 기준

❶ 잘못 읽은 이유 설명하기	2점
❷ 바르게 고쳐 보기	3점

12 • 위에서 첫째　• 아래에서 둘째

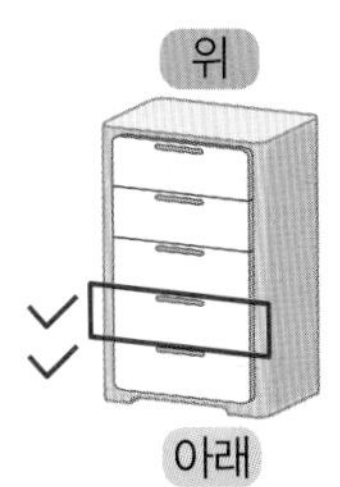

13 두 번째 그림의 놀이터에 아이들이 아무도 없어서 0명이므로 이에 대한 이야기를 만듭니다.

14 예 왼쪽에서 첫째에 수학 1－1, 둘째에 수학 익힘 1－1, 셋째에 동시집, 넷째에 우주여행, 다섯째에 바다여행, 여섯째에 세계여행 1, 일곱째에 세계여행 2, 여덟째에 세계여행 3, 아홉째에 세계여행 4가 있습니다.」❶

채점 기준

❶ 책의 순서를 모두 말하기	5점

15 수를 순서대로 놓으면 0, 3, 5, 6, 9입니다. 가운데에 있는 수 5보다 앞의 수인 0, 3은 5보다 작고, 뒤의 수인 6, 9는 5보다 큽니다.

16

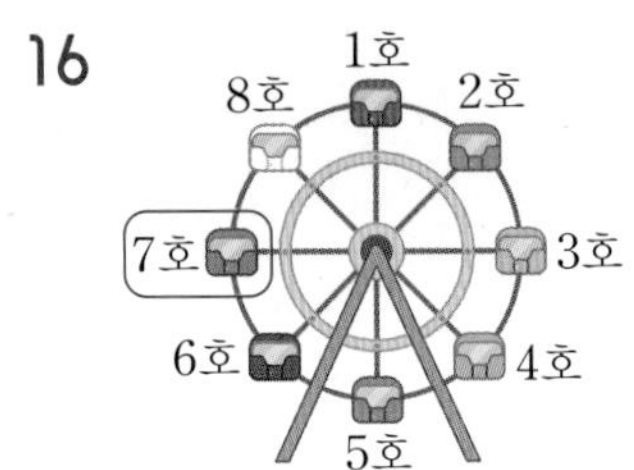

17 2부터 8까지의 수를 순서대로 놓으면 2, 3, 4, 5, 6, 7, 8이고 이 중에서 셋째인 4와 다섯째인 6 사이에 있는 수는 5입니다.

18 1부터 9까지의 수를 순서대로 쓰면 1, 2, 3, ④, 5, 6, 7, 8, 9이고 4는 4의 앞의 수보다 큽니다.
따라서 □ 안에 들어갈 수 있는 수는 1, 2, 3으로 모두 3개입니다.

19 • 7은 6보다 1만큼 더 큰 수이므로 ㉠=6입니다.
• 9는 8보다 1만큼 더 큰 수이므로 ㉡=1입니다.
• 8은 9보다 1만큼 더 작은 수이므로 ㉢=9입니다.
따라서 수를 순서대로 썼을 때 뒤의 수가 더 크므로 나타내는 수가 큰 것부터 차례대로 기호를 쓰면 ㉢, ㉠, ㉡입니다.

20 • 흰색 바둑돌이 왼쪽에서 셋째에 놓였으므로 그림으로 나타내면 다음과 같습니다.

• 흰색 바둑돌이 오른쪽에서 넷째에 놓였으므로 그림으로 나타내면 다음과 같습니다.

따라서 바둑돌이 놓인 모양은 다음과 같습니다.

●●◎●●●● → 6개

12~14쪽 **AI가 추천한 단원 평가 3회**

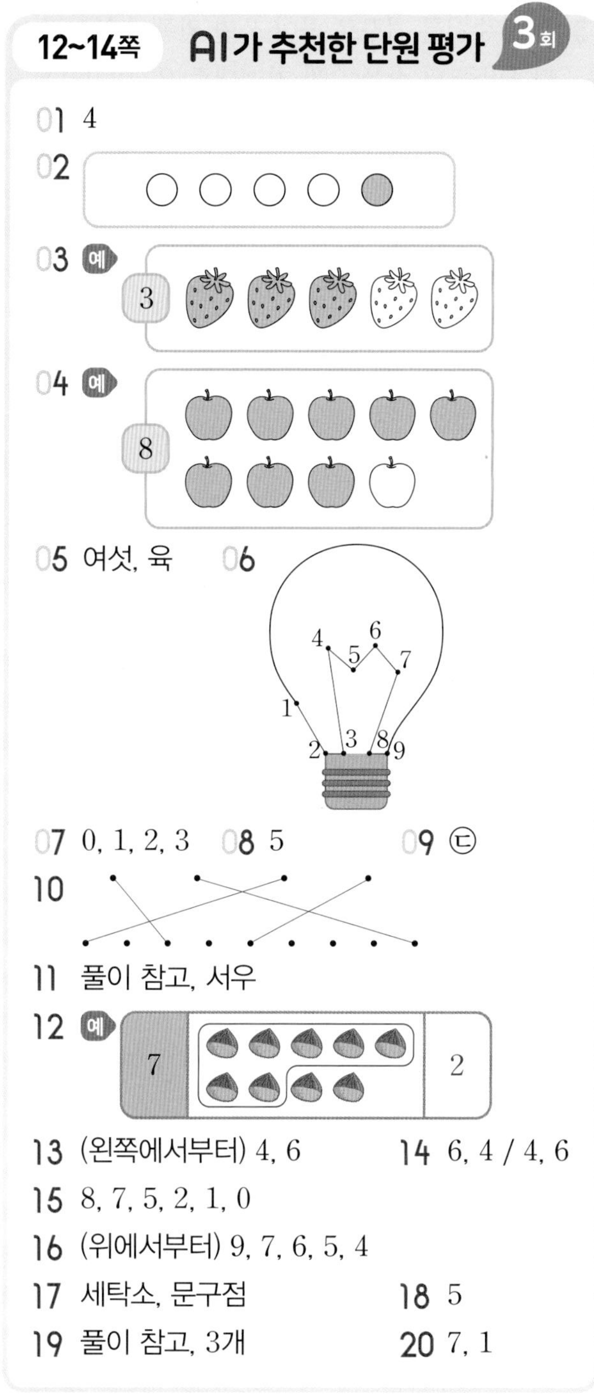

01 4

02

03 예 3

04 예 8

05 여섯, 육

06

07 0, 1, 2, 3

08 5

09 ㉢

10

11 풀이 참고, 서우

12 예 7, 2

13 (왼쪽에서부터) 4, 6

14 6, 4 / 4, 6

15 8, 7, 5, 2, 1, 0

16 (위에서부터) 9, 7, 6, 5, 4

17 세탁소, 문구점

18 5

19 풀이 참고, 3개

20 7, 1

06 1부터 수를 순서대로 잇습니다.

07 장미가 없는 경우에는 아무것도 없으므로 0이라고 씁니다.

08 수를 순서대로 놓았을 때 5는 9보다 앞의 수이므로 더 작은 수입니다.

09 8은 여덟 또는 팔이라고 읽을 수 있으므로 나타내는 수가 다른 하나는 ㉢ 여섯입니다.

참고 여섯은 6입니다.

11 예 가지고 있는 사탕의 수를 각각 알아보면 진우는 3개, 하니는 0개, 서우는 2개입니다.」❶
따라서 사탕을 2개 가지고 있는 사람은 서우입니다.」❷

채점 기준

❶ 사탕을 각각 몇 개 가지고 있는지 구하기	3점
❷ 사탕을 2개 가지고 있는 사람 구하기	2점

12 밤을 7개 세어서 묶고 남은 것을 세어 보면 둘이므로 묶지 않은 것의 수는 2입니다.

14 4는 5보다 1만큼 더 작은 수이고, 6은 5보다 1만큼 더 큰 수이므로 '6은 4보다 큽니다.' 또는 '4는 6보다 작습니다.'라고 말할 수 있습니다.

15 수를 순서대로 놓을 때 뒤의 수가 더 큰 수이므로 큰 수부터 차례대로 써 보면
8, 7, 5, 2, 1, 0입니다.

17 • 아래에서 넷째에 있는 가게는 1층부터 시작하여 넷째에 놓인 세탁소입니다.
• 위에서 셋째에 있는 가게는 9층부터 시작하여 셋째에 놓인 문구점입니다.

18 1부터 7까지의 수를 7부터 거꾸로 순서대로 놓으면 7, 6, 5, 4, 3, 2, 1이고 이 중에서 둘째인 6과 넷째인 4 사이에 있는 수는 5입니다.

19 예 2부터 9까지의 수를 순서대로 써 보면
2, 3, 4, 5, 6, 7, 8, 9이므로 2와 9 사이의 수는 3, 4, 5, 6, 7, 8입니다.」❶
이 중에서 5보다 큰 수는 6, 7, 8이므로 조건에 맞는 수는 모두 3개입니다.」❷

채점 기준

❶ 2와 9 사이의 수 구하기	2점
❷ 조건에 맞는 수의 개수 구하기	3점

20 • 4보다 1만큼 더 큰 수는 5입니다.
5보다 1만큼 더 큰 수는 6입니다.
6보다 1만큼 더 큰 수는 7입니다.
따라서 4보다 3만큼 더 큰 수는 7입니다.
• 4보다 1만큼 더 작은 수는 3입니다.
3보다 1만큼 더 작은 수는 2입니다.
2보다 1만큼 더 작은 수는 1입니다.
따라서 4보다 3만큼 더 작은 수는 1입니다.

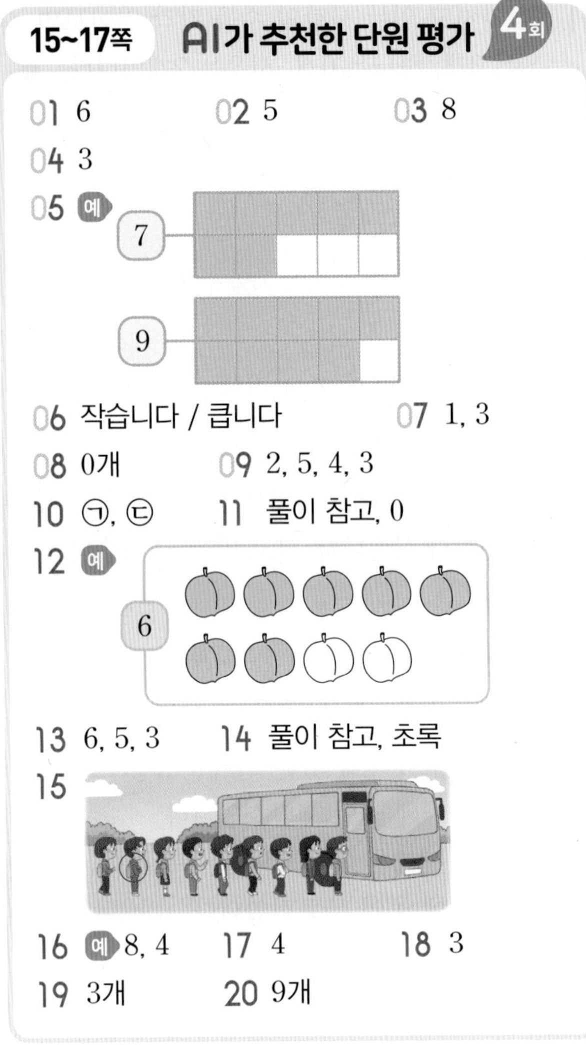

15~17쪽 AI가 추천한 단원 평가 4회

01 6　02 5　03 8
04 3
05 예
06 작습니다 / 큽니다　07 1, 3
08 0개　09 2, 5, 4, 3
10 ㉠, ㉢　11 풀이 참고, 0
12 예
13 6, 5, 3　14 풀이 참고, 초록
15
16 예 8, 4　17 4　18 3
19 3개　20 9개

06 • 7이 9보다 색칠한 칸 수가 적으므로 7은 9보다 작습니다.
• 9가 7보다 색칠한 칸 수가 많으므로 9는 7보다 큽니다.

07 • 2보다 1만큼 더 작은 수는 1입니다.
• 2보다 1만큼 더 큰 수는 3입니다.

08 달걀을 모두 먹어서 아무것도 없으므로 달걀은 0개 있습니다.

09 좋아하는 순서대로 1부터 번호를 써넣습니다.

10 ㉡ 우리 집은 아파트 삼 층에 있어.
㉣ 사탕을 아홉 개 가지고 있어.

11 예 나무의 수는 하나이므로 1입니다.」❶
따라서 1보다 1만큼 더 작은 수는 0입니다.」❷

채점 기준

❶ 나무의 수 구하기	2점
❷ 나무의 수보다 1만큼 더 작은 수 구하기	3점

12 6보다 1만큼 더 큰 수는 7입니다.

13 수의 순서를 거꾸로 하여 쓰면 왼쪽에 있는 수보다 1만큼 더 작은 수가 차례대로 오게 됩니다.

14 예 오른쪽에서 셋째에 있는 색은 파랑이고, 다섯째에 있는 색은 노랑입니다.」❶
따라서 셋째와 다섯째 사이에 있는 색종이는 넷째에 있는 색인 초록입니다.」❷

채점 기준

❶ 오른쪽에서 셋째와 다섯째에 있는 색종이의 색을 각각 알아보기	2점
❷ 오른쪽에서 셋째와 다섯째 사이에 있는 색종이의 색 구하기	3점

15 버스 반대쪽에서부터 둘째에 있는 사람에 ○표 합니다.

16 수를 순서대로 놓았을 때 뒤의 수가 더 크므로 '㉠은 ㉡보다 큽니다.'에서 ㉠이 ㉡보다 더 뒤의 수가 되도록 □ 안에 알맞은 수를 써넣습니다.

17 0부터 9까지의 수를 순서대로 쓰면
0, 1, 2, 3, 4, 5, 6, 7, 8, 9입니다.
이 중에서 다섯째에 있는 수는 4입니다.

18 어떤 수보다 1만큼 더 큰 수가 5이므로 어떤 수는 5보다 1만큼 더 작은 수인 4입니다.
따라서 4보다 1만큼 더 작은 수는 3입니다.

19 선우는 5번 이겼으므로 계단을 5개 올라갔고, 수지는 8번 이겼으므로 계단을 8개 올라갔습니다.
5보다 1만큼 더 큰 수는 6입니다.
6보다 1만큼 더 큰 수는 7입니다.
7보다 1만큼 더 큰 수는 8입니다.
따라서 8은 5보다 3만큼 더 큰 수이므로 수지는 선우보다 계단 3개 위에 있습니다.

20 • 검은색 바둑돌이 왼쪽에서 다섯째에 놓였으므로 그림으로 나타내면 다음과 같습니다.

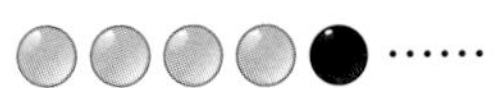

• 검은색 바둑돌이 오른쪽에서 다섯째에 놓였으므로 그림으로 나타내면 다음과 같습니다.

따라서 바둑돌이 놓인 모양은 다음과 같습니다.

●●●●●●●●● → 9개

18~23쪽 **틀린 유형 다시 보기**

유형 1
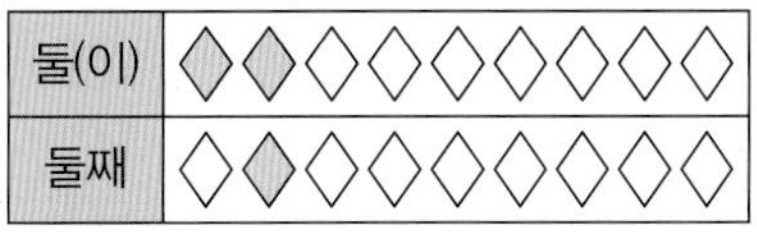

1-1

1-2
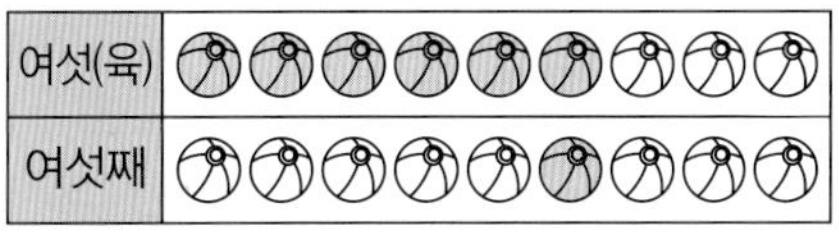

1-3
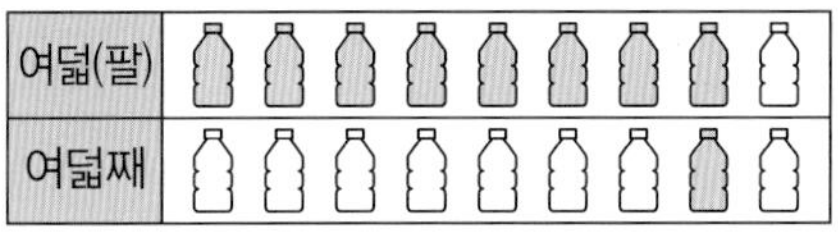

유형 2 ㉣ 2-1 ㉢ 2-2 ②, ③

2-3 현지 유형 3 나는 일 학년이야.

3-1 내 나이는 여덟 살이야.

3-2 지영이네 모둠은 모두 네 명이야.

3-3 달리기 경주에서 오 등으로 들어왔어.

유형 4 예
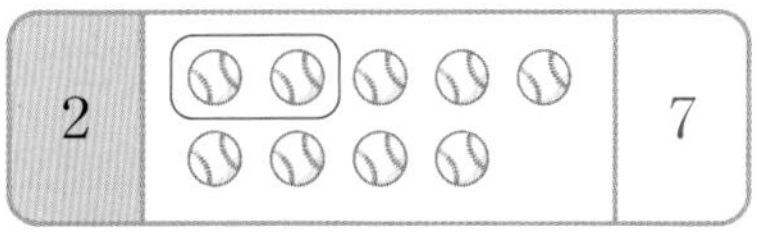

4-1 예
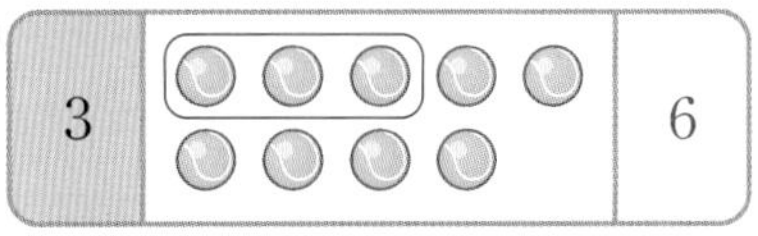

4-2 예
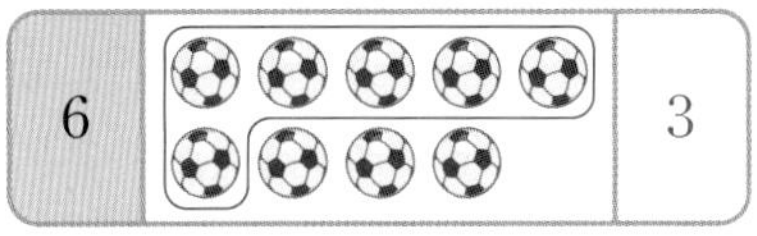

4-3
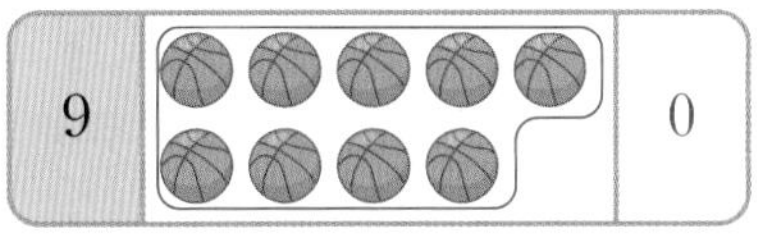

유형 5 예 접시에 빵이 4개 있었는데 모두 먹어서 0개가 남았습니다.

5-1 예 현진이가 넣은 화살이 5개로 가장 많습니다.

5-2 예 책가방에 책이 2권 들어 있습니다.

유형 6 7, 6, 4 6-1 3, 2, 0 6-2 8, 6, 5

6-3 6, 4, 3

유형 7

7-1 7, 3, 1 7-2 다섯째

유형 8 9, 6, 4, 3, 2, 1

8-1 0, 2, 5, 6, 7, 8

8-2 9, 8, 6, 5, 4, 2, 1

8-3 0, 1, 2, 3, 6, 7, 9 유형 9 5

9-1 3 9-2 7 9-3 5

유형 10 5 10-1 5 10-2 8

10-3 0 유형 11 2개 11-1 3개

11-2 4개 유형 12 4개 12-1 7개

12-2 7권 12-3 9장

유형 1 둘(이)은 두 개를 색칠하고, 둘째는 둘째 그림 하나에만 색칠합니다.

1-1 다섯(오)은 다섯 개를 색칠하고, 다섯째는 다섯째 그림 하나에만 색칠합니다.

1-2 여섯(육)은 여섯 개를 색칠하고, 여섯째는 여섯째 그림 하나에만 색칠합니다.

1-3 여덟(팔)은 여덟 개를 색칠하고, 여덟째는 여덟째 그림 하나에만 색칠합니다.

유형 2 1은 하나 또는 일이라고 읽습니다.
㉣ 이 → 2

2-1 7은 일곱 또는 칠이라고 읽습니다.
㉢ 여덟 → 8

2-2 9는 아홉 또는 구라고 읽고, 8보다 1만큼 더 큰 수입니다.
② 영 → 0 ③ 육 → 6

2-3 민성이와 은영이가 찬 제기는 6개이고, 현지가 찬 제기는 5개이므로 제기를 찬 개수가 다른 사람은 현지입니다.

유형 3 학년을 나타낼 때에는 '하나'가 아닌 '일'로 읽어야 합니다.

3-1 나이를 나타낼 때에는 '팔'이 아닌 '여덟'로 읽어야 합니다.

3-2 사람 수를 나타낼 때에는 '사'가 아닌 '넷'으로 읽어야 합니다.

3-3 등수를 나타낼 때에는 '다섯'이 아닌 '오'로 읽어야 합니다.

유형 4 야구공을 2개 세어서 묶고 남은 것을 세어 보면 일곱이므로 묶지 않은 것의 수는 7입니다.

4-1 테니스공을 3개 세어서 묶고 남은 것을 세어 보면 여섯이므로 묶지 않은 것의 수는 6입니다.

4-2 축구공을 6개 세어서 묶고 남은 것을 세어 보면 셋이므로 묶지 않은 것의 수는 3입니다.

4-3 농구공을 9개 세어서 묶고 남은 것을 세어 보면 남은 것이 없으므로 묶지 않은 것의 수는 0입니다.

유형 5 두 번째 그림에서 접시에 남은 빵이 아무것도 없어서 0개이므로 이에 대한 이야기를 만듭니다.

5-1 통에 넣은 화살의 수를 세어 보면 시연이는 3개, 민우는 0개, 현진이는 5개, 은아는 1개입니다.
따라서 3, 0, 5, 1의 수를 사용하여 이야기를 만듭니다.

5-2 주변에서 찾을 수 있는 물건의 수를 세어 이야기를 만듭니다.

유형 6 수의 순서를 거꾸로 하여 쓰면 왼쪽에 있는 수보다 1만큼 더 작은 수가 차례대로 오게 되므로 9, 8, 7, 6, 5, 4입니다.

6-1 수의 순서를 거꾸로 하여 쓰면 왼쪽에 있는 수보다 1만큼 더 작은 수가 차례대로 오게 되므로 5, 4, 3, 2, 1, 0입니다.

6-2 수의 순서를 거꾸로 하여 쓰면 왼쪽에 있는 수보다 1만큼 더 작은 수가 차례대로 오게 되므로 8, 7, 6, 5, 4, 3입니다.

6-3 수의 순서를 거꾸로 하여 쓰면 왼쪽에 있는 수보다 1만큼 더 작은 수가 차례대로 오게 되므로 6, 5, 4, 3, 2, 1입니다.

유형 7 입구 반대쪽에서부터 셋째에 있는 사람에 ○표 합니다.

7-1 결승점에 가장 가까운 7번 학생이 금메달, 둘째로 가까운 3번 학생이 은메달, 셋째로 가까운 1번 학생이 동메달을 받을 것 같습니다.

7-2 동메달을 받을 것 같은 1번 학생은 뒤에서 다섯째입니다.

유형 8 수를 순서대로 놓을 때 뒤의 수가 더 큰 수이므로 큰 수부터 차례대로 써 보면
9, 6, 4, 3, 2, 1입니다.

8-1 수를 순서대로 놓을 때 앞의 수가 더 작은 수이므로 작은 수부터 차례대로 써 보면
0, 2, 5, 6, 7, 8입니다.

8-2 수를 순서대로 놓을 때 뒤의 수가 더 큰 수이므로 큰 수부터 차례대로 써 보면
9, 8, 6, 5, 4, 2, 1입니다.

8-3 수를 순서대로 놓을 때 앞의 수가 더 작은 수이므로 작은 수부터 차례대로 써 보면
0, 1, 2, 3, 6, 7, 9입니다.

유형 9 3부터 9까지의 수를 순서대로 놓으면
3, 4, 5, 6, 7, 8, 9이고 이 중에서 둘째인 4와 넷째인 6 사이에 있는 수는 5입니다.

9-1 0부터 6까지의 수를 순서대로 놓으면
0, 1, 2, 3, 4, 5, 6이고 이 중에서 셋째인 2와 다섯째인 4 사이에 있는 수는 3입니다.

9-2 4부터 8까지의 수를 8부터 거꾸로 순서대로 놓으면 8, 7, 6, 5, 4이고 이 중에서 첫째인 8과 셋째인 6 사이에 있는 수는 7입니다.

9-3 1부터 9까지의 수를 9부터 거꾸로 순서대로 놓으면 9, 8, 7, 6, 5, 4, 3, 2, 1이고 이 중에서 넷째인 6과 여섯째인 4 사이에 있는 수는 5입니다.

유형 10 어떤 수보다 1만큼 더 작은 수가 4이므로 어떤 수는 4보다 1만큼 더 큰 수인 5입니다.

10-1 어떤 수보다 1만큼 더 큰 수가 6이므로 어떤 수는 6보다 1만큼 더 작은 수인 5입니다.

10-2 어떤 수보다 1만큼 더 작은 수가 6이므로 어떤 수는 6보다 1만큼 더 큰 수인 7입니다.
따라서 7보다 1만큼 더 큰 수는 8입니다.
주의 어떤 수를 구한 다음 어떤 수보다 1만큼 더 큰 수를 구하는 것임에 주의합니다.

10-3 어떤 수보다 1만큼 더 큰 수가 2이므로 어떤 수는 2보다 1만큼 더 작은 수인 1입니다.
따라서 1보다 1만큼 더 작은 수는 0입니다.

유형 11 4부터 9까지의 수를 순서대로 써 보면
4, 5, 6, 7, 8, 9이므로 4와 9 사이의 수는 5, 6, 7, 8입니다.
이 중에서 6보다 큰 수는 7, 8이므로 조건에 맞는 수는 모두 2개입니다.

11-1 1부터 7까지의 수를 순서대로 써 보면
1, 2, 3, 4, 5, 6, 7이므로 1과 7 사이의 수는 2, 3, 4, 5, 6입니다.
이 중에서 5보다 작은 수는 2, 3, 4이므로 조건에 맞는 수는 모두 3개입니다.

11-2 6보다 작은 수는 0, 1, 2, 3, 4, 5입니다.
이 중에서 1보다 큰 수는 2, 3, 4, 5이므로 조건에 맞는 수는 모두 4개입니다.

유형 12 • 흰색 바둑돌이 왼쪽에서 셋째에 놓였으므로 그림으로 나타내면 다음과 같습니다.

●●○ ……

• 흰색 바둑돌이 오른쪽에서 둘째에 놓였으므로 그림으로 나타내면 다음과 같습니다.

…… ○●

따라서 바둑돌이 놓인 모양은 다음과 같습니다.

●●○● → 4개

12-1 • 검은색 바둑돌이 왼쪽에서 넷째에 놓였으므로 그림으로 나타내면 다음과 같습니다.

○○○● ……

• 검은색 바둑돌이 오른쪽에서 넷째에 놓였으므로 그림으로 나타내면 다음과 같습니다.

…… ●○○○

따라서 바둑돌이 놓인 모양은 다음과 같습니다.

○○○●○○○ → 7개

12-2 • 과학책이 왼쪽에서 여섯째에 꽂혀 있으므로 그림으로 나타내면 다음과 같습니다.

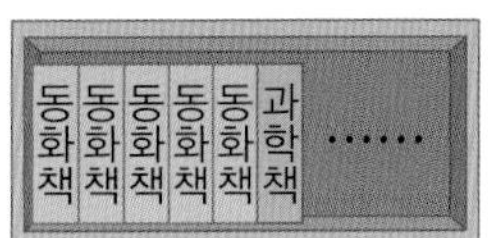

• 과학책이 오른쪽에서 둘째에 꽂혀 있으므로 그림으로 나타내면 다음과 같습니다.

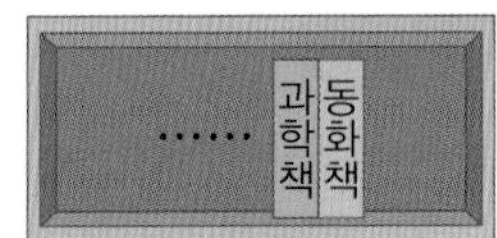

따라서 책꽂이에 꽂은 책은 다음과 같습니다.

→ 7권

12-3 • 파란색 벽돌이 위에서 셋째에 쌓였으므로 그림으로 나타내면 오른쪽과 같습니다.

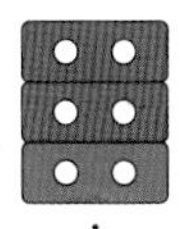

• 파란색 벽돌이 아래에서 일곱째에 쌓였으므로 그림으로 나타내면 오른쪽과 같습니다.

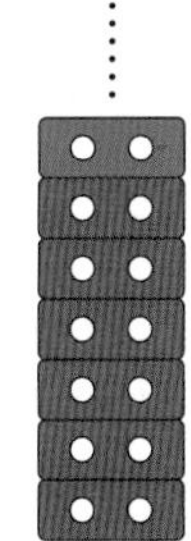

따라서 벽돌을 쌓은 모양은 오른쪽과 같으므로 모두 9장입니다.

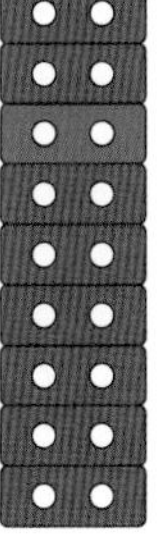

2단원 여러 가지 모양

26~28쪽 AI가 추천한 단원 평가 1회

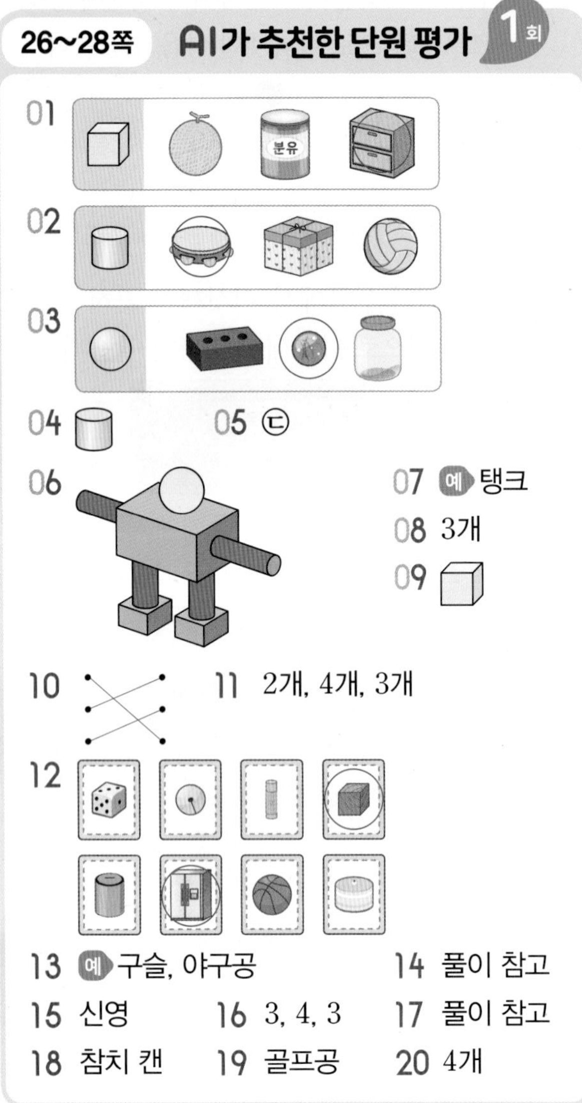

13 예 구슬, 야구공 14 풀이 참고
15 신영 16 3, 4, 3 17 풀이 참고
18 참치 캔 19 골프공 20 4개

12 주사위 카드는 모양입니다.

13 방울 카드는 모양입니다.

14 예 「두 모양의 같은 점은 평평한 부분이 있다는 것입니다.」 ❶
두 모양의 다른 점은 모양은 둥근 부분이 없지만 모양은 둥근 부분이 있다는 것입니다.」 ❷

채점 기준

❶ 두 모양의 같은 점 쓰기	3점
❷ 두 모양의 다른 점 쓰기	2점

15 경진이가 가지고 있는 모양은 뾰족한 부분이 있으므로 모양이고, 수오가 가지고 있는 모양은 둥근 부분만 있으므로 모양이고, 신영이가 가지고 있는 모양은 평평한 부분과 둥근 부분이 모두 있으므로 모양입니다.
따라서 모양의 물건을 가지고 있는 사람은 신영이입니다.

16 크기와 색깔에 관계없이 각각의 모양이 몇 개인지 세어 봅니다.

17 예 「보기의 모양만을 사용하여 만든 모양이 아닙니다.」 ❶
보기의 모양에서 모양을 1개 사용하지 않고, 모양을 1개 더 사용했기 때문입니다.」 ❷

채점 기준

❶ 보기의 모양만을 사용하여 만든 모양인지 아닌지 쓰기	2점
❷ ❶의 이유 쓰기	3점

18 눕혀서 굴리면 잘 굴러가지만 세우면 잘 굴러가지 않는 모양은 모양입니다.
따라서 모양을 찾아보면 참치 캔입니다.

19 모양과 모양은 평평한 부분이 있으므로 위에 물건을 쌓을 수 있지만 모양은 평평한 부분이 없으므로 위에 물건을 쌓을 수 없습니다.
따라서 1층과 2층은 참치 캔과 구급상자를 순서에 관계없이 쌓고, 3층에 골프공을 쌓아야 합니다.

20 모양을 위에서 바라보면 모양이고, 모양과 모양을 위에서 바라보면 모양입니다.
따라서 위에서 바라본 모양이 모양인 물건은 , , , 으로 모두 4개입니다.

06 배구공은 ◯ 모양, 금고는 ▢ 모양, 통나무는 ▯ 모양입니다.

07 뾰족한 부분이 있는 모양은 ▢ 모양이므로 ▢ 모양을 찾으면 필통입니다.

08 널빤지 의 모양은 ▢ 모양이고, 중간에 놓은 의 모양은 ▯ 모양입니다.

11 재은이가 만진 물건은 평평한 부분이 없으므로 ◯ 모양입니다.
따라서 ◯ 모양을 찾아보면 농구공입니다.

12 각각의 모양의 개수를 세어 봅니다.

13 • ▢ 모양을 돌려 보며 평평한 부분을 찾으면 모두 6군데입니다.
• ▯ 모양을 돌려 보며 평평한 부분을 찾으면 모두 2군데입니다.
• ◯ 모양을 돌려 보며 평평한 부분을 찾아도 평평한 부분은 없습니다.

14 예 ▢ 모양은 잘 굴러가지 않습니다.」 ❶
따라서 볼링공이 ▢ 모양이 되면 잘 굴러가지 않아서 볼링을 치기 힘듭니다.」 ❷

채점 기준

❶ ▢ 모양의 특징 설명하기	2점
❷ 볼링공이 ▢ 모양이 될 때 생길 수 있는 일 이야기하기	3점

15 보이는 모양은 뾰족한 부분이 있으므로 ▢ 모양입니다.
따라서 생활 주변에서 ▢ 모양을 2개 찾아 씁니다.

16 왼쪽 모양은 보기의 ▢ 모양 대신에 ▯ 모양을 사용했으므로 보기의 모양을 모두 사용하여 만든 모양은 오른쪽 모양입니다.

18 예 테니스공은 ◯ 모양, 풀은 ▯ 모양, 주사위는 ▢ 모양입니다.」 ❶
따라서 ◯, ▯, ▢ 모양이 반복되는 규칙입니다.」 ❷

채점 기준

❶ 각각의 모양 알아보기	2점
❷ 모양의 순서에는 어떤 규칙이 있는지 설명하기	3점

20 길을 따라 도착한 곳은 번데기 방입니다.

32~34쪽 AI가 추천한 단원 평가 3회

01 ( )( )(○)
02 ( )(○)( )
03 (○)( )( ) 04 [원기둥 모양]
05 [선 잇기] 06 멜론 07 ③, ⑤
08~10 [그림 카드]
11 [원기둥 모양] 12 ㉠ 13 [공 모양]
14 풀이 참고, 6개 15 가
16 나 17 [공 모양], 풀이 참고
18 10개 19 3개 20 [상자 모양], 1

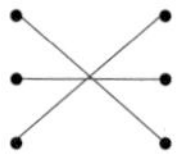

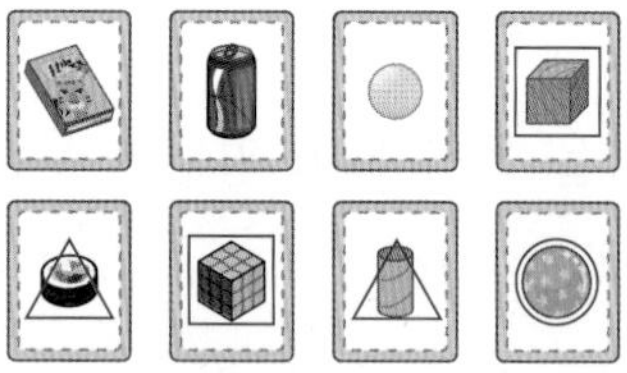

07 [상자 모양] 모양은 평평한 부분이 있으므로 쌓을 수 있습니다. 또한, 뾰족한 부분이 있고, 둥근 부분이 없으므로 잘 구르지 않습니다.

12 오른쪽 모양은 [공 모양] 모양이고, 평평한 부분과 뾰족한 부분이 없고 둥근 부분만 있어서 어느 방향으로도 잘 구릅니다.

13 왼쪽 모양은 [상자 모양] 모양과 [공 모양] 모양을 사용하여 만든 모양이고, 오른쪽 모양은 [원기둥 모양] 모양과 [공 모양] 모양을 사용하여 만든 모양입니다.
따라서 두 모양을 만드는 데 모두 사용한 모양은 [공 모양] 모양입니다.

14 예 주어진 모양은 [상자 모양] 모양 2개, [원기둥 모양] 모양 6개, [공 모양] 모양 3개로 만든 모양입니다.」 ❶
따라서 가장 많이 사용한 모양은 [원기둥 모양] 모양이므로 6개를 사용했습니다.」 ❷

채점 기준

❶ 주어진 모양에서 각각 사용한 모양의 개수 구하기	3점
❷ 가장 많이 사용한 모양의 개수 구하기	2점

15 가는 [상자 모양] 모양 3개, [원기둥 모양] 모양 4개, [공 모양] 모양 6개로 만든 모양이고, 나는 [상자 모양] 모양 1개, [원기둥 모양] 모양 4개, [공 모양] 모양 3개로 만든 모양입니다.
따라서 [상자 모양] 모양을 더 많이 사용한 모양은 가입니다.

16 [원기둥 모양] 모양을 [공 모양] 모양보다 더 많이 사용한 모양은 나입니다.

17 예 계단으로 사용하기에 가장 어려운 모양은 [공 모양] 모양입니다.」 ❶
계단은 사람이 밟고 오르내리기 위한 것이므로 평평한 부분이 있어야 하는데 [공 모양] 모양은 평평한 부분이 없기 때문입니다.」 ❷

채점 기준

❶ 계단으로 사용하기에 가장 어려운 모양 찾기	2점
❷ ❶의 이유 쓰기	3점

18 왼쪽의 보이는 모양은 평평한 부분과 둥근 부분이 모두 있으므로 [원기둥 모양] 모양입니다.
따라서 오른쪽 모양에서 [원기둥 모양] 모양을 찾아보면 모두 10개입니다.

19 [상자 모양] 모양을 위 또는 앞에서 바라보면 [사각형] 모양이고, [원기둥 모양] 모양을 위에서 바라보면 [원] 모양, 앞에서 바라보면 [사각형] 모양이고, [공 모양] 모양을 위 또는 앞에서 바라보면 [원] 모양입니다.
따라서 어느 방향에서 바라보아도 [원] 모양인 물건은 [공 모양] 모양이므로 [배구공], [구슬], [볼링공]으로 모두 3개입니다.

20 주어진 모양은 [상자 모양] 모양 3개, [원기둥 모양] 모양 4개, [공 모양] 모양 3개로 만든 모양입니다.
준혁이가 가지고 있는 모양과 수가 다른 것은 [상자 모양] 모양이고 3은 2보다 1만큼 더 큰 수이므로 [상자 모양] 모양이 1개 더 필요합니다.

35~37쪽 AI가 추천한 단원 평가 4회

01 (　　) (　○　)　02 ㉠, ㉥　03 ㉢, ㉤
04 ㉡, ㉣
05
06 예 둥근 모양　07
08
09 예 눕혀서 굴리면 잘 굴러가지만 세워서 굴리면 잘 굴러가지 않습니다.
10　11 예 큐브, 필통
12 2군데　13 ,　14 풀이 참고
15 지은　16 성훈　17 풀이 참고
18 ●　19 , 9　20 ㉢

08 모양은 둥근 부분이 없으므로 잘 굴러가지 않습니다.

11 주사위는 모양이므로 생활 주변에서 모양의 물건을 2개 찾습니다.

12 북은 모양이므로 평평한 부분이 2군데 있습니다.

13 모양 위에는 더 쌓을 수 없으므로 3층보다 더 높이 쌓기 위해서는 3층에는 모양 또는 모양을 쌓을 수 있습니다.

14 예 평평한 부분이 없으므로 모양은 쌓을 수 없습니다.」❶
따라서 모양 위에 모양은 쌓아지지 않으므로 무너집니다.」❷

채점 기준

❶ 모양의 특징 알기	2점
❷ 모양 위에 모양을 쌓으려고 할 때 생길 수 있는 일 이야기하기	3점

15 뾰족한 부분이 있는 모양은 모양입니다.
따라서 모양을 지은이는 3개, 성훈이는 1개, 한나는 2개 사용했으므로 가장 많이 사용하여 만든 사람은 지은이입니다.

16 평평한 부분이 없는 모양은 모양입니다.
따라서 모양을 지은이는 2개, 성훈이는 3개, 한나는 1개 사용했으므로 가장 많이 사용하여 만든 사람은 성훈이입니다.

17 예 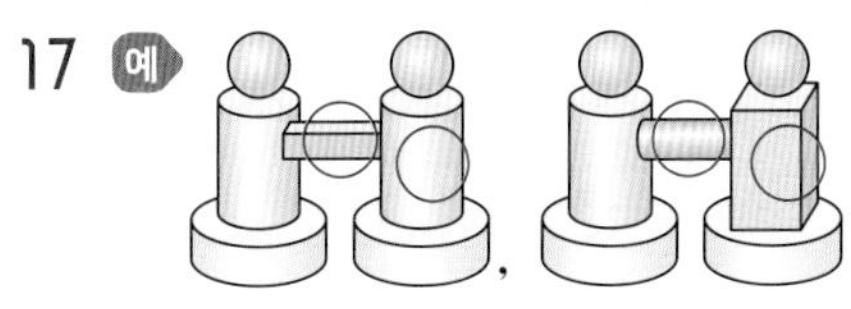
서로 다른 부분은 모두 2군데입니다.」❶
오른쪽 기둥이 왼쪽은 모양이고 오른쪽은 모양이므로 다르고, 두 기둥을 잇는 물건이 왼쪽은 모양이고 오른쪽은 모양이므로 다릅니다.」❷

채점 기준

❶ 서로 다른 부분이 모두 몇 군데인지 구하기	2점
❷ 어느 부분이 다른지 설명하기	3점

18 모양을 위에서 손전등으로 비추면 모양을 위에서 본 모양과 같으므로 ● 모양입니다.

19 김밥은 모양이고, 잘라도 크기가 달라질 뿐 모양이 변하지 않습니다.
김밥을 1번 자르면 모양이 2개 생기고, 2번 자르면 모양이 3개 생기므로 김밥 조각은 김밥을 자르는 횟수보다 1만큼 더 큽니다.
따라서 김밥을 여덟 번 자르면 모양이 9개 생깁니다.

20 , , , 모양이 반복되는 규칙입니다.
□는 두 번째 모양 다음에 올 모양이므로 모양이 와야 합니다.
따라서 □ 안에 알맞은 모양과 같은 모양의 물건은 ㉢ 필통입니다.

38~43쪽 **틀린 유형 다시 보기**

유형 1 (구 모양) 1-1 (원기둥 모양) 1-2 (구 모양)
유형 2 (직육면체 모양) 2-1 (구 모양) 2-2 (참치 캔)
유형 3 (직육면체 모양) 3-1 6군데 3-2 2군데
3-3 0군데 유형 4 (구 모양) 4-1 (원기둥 모양)
4-2 (직육면체 모양) 유형 5 (직육면체 모양) 5-1 (원기둥 모양)
5-2 (원기둥 모양), 6

유형 6 예 (원기둥) 모양은 세우면 잘 굴러가지 않고 눕혀야만 잘 굴러갑니다.
따라서 축구공이 (원기둥) 모양이 되면 굴러가지 않을 때와 잘 굴러갈 때가 반복되고, 한쪽 방향으로만 굴러서 축구하기가 힘듭니다.

6-1 예 (구) 모양은 쌓을 수 없습니다.
따라서 벽돌이 (구) 모양이 되면 쌓을 수 없어서 벽을 만들 수 없습니다.

유형 7 2개 7-1 3개 7-2 한나

유형 8 (원기둥 모양) / 예 자동차의 바퀴는 원하는 한쪽 방향으로만 잘 굴러야 합니다.
따라서 자동차 바퀴로 사용하기에 가장 알맞은 모양은 한쪽 방향으로만 잘 구르는 (원기둥) 모양입니다.

8-1 (구 모양) / 예 3단 도시락통은 위로 쌓을 수 있어야 합니다.
따라서 3단 도시락통으로 사용할 수 없는 모양은 쌓을 수 없는 (구) 모양입니다.

8-2 (직육면체 모양) / 예 공 굴리기에 사용하는 물건은 잘 굴러야 합니다.
따라서 공 굴리기로 사용할 수 없는 모양은 잘 구르지 않는 (직육면체) 모양입니다.

유형 9 (　　)(○) 9-1 (선 잇기)

유형 10 2군데

10-1 (그림)

10-2 (그림)

/ 예 왼쪽 아랫부분은 (원기둥) 모양 3개이지만 오른쪽 아랫부분은 (직육면체) 모양 3개이므로 다르고, 왼쪽 윗부분은 (직육면체) 모양이지만 오른쪽 윗부분은 (원기둥) 모양이므로 다릅니다.

유형 11 3개 11-1 2개 11-2 4개
유형 12 (직육면체 모양) 12-1 (원기둥 모양) 12-2 ㉡

유형 1 주어진 모양은 (직육면체) 모양과 (원기둥) 모양을 사용하여 만든 모양입니다.
따라서 사용하지 않은 모양은 (구) 모양입니다.

1-1 주어진 모양은 (직육면체) 모양과 (구) 모양을 사용하여 만든 모양입니다.
따라서 사용하지 않은 모양은 (원기둥) 모양입니다.

1-2 주어진 모양은 (직육면체) 모양과 (원기둥) 모양을 사용하여 만든 모양입니다.
따라서 사용하지 않은 모양은 (구) 모양입니다.

유형 2 뾰족한 부분이 있는 모양은 (직육면체) 모양입니다.

2-1 모든 부분이 둥글어서 어느 방향으로도 잘 굴러가는 모양은 (구) 모양입니다.

2-2 둥근 부분이 있고, 평평한 부분도 있어서 쌓을 수 있는 모양은 (원기둥) 모양입니다.
따라서 선우가 찾고 있는 물건은 참치 캔입니다.

유형 3 평평한 부분의 수를 각각 알아보면 □ 모양은 6군데, □ 모양은 2군데, ○ 모양은 0군데입니다.
따라서 평평한 부분의 수가 가장 많은 모양은 □ 모양입니다.

3-1 주사위는 □ 모양이므로 평평한 부분이 모두 6군데입니다.

3-2 음료수 캔은 □ 모양이므로 평평한 부분이 모두 2군데입니다.

3-3 테니스공은 ○ 모양이므로 평평한 부분이 없습니다.

유형 4 왼쪽 모양은 □ 모양과 ○ 모양을 사용하여 만든 모양이고, 오른쪽 모양은 □ 모양과 ○ 모양을 사용하여 만든 모양입니다.
따라서 두 모양을 만드는 데 모두 사용한 모양은 ○ 모양입니다.

4-1 왼쪽 모양은 □ 모양과 ○ 모양을 사용하여 만든 모양이고, 오른쪽 모양은 □ 모양과 □ 모양을 사용하여 만든 모양입니다.
따라서 두 모양을 만드는 데 모두 사용한 모양은 □ 모양입니다.

4-2 왼쪽 모양은 □ 모양과 □ 모양을 사용하여 만든 모양이고, 오른쪽 모양은 □ 모양과 ○ 모양을 사용하여 만든 모양입니다.
따라서 두 모양을 만드는 데 모두 사용한 모양은 □ 모양입니다.

유형 5 주어진 모양은 □ 모양 4개, □ 모양 3개, ○ 모양 2개로 만든 모양입니다.
따라서 가장 많이 사용한 모양은 □ 모양입니다.
참고 각 모양별로 ∨, ○, ×와 같이 표시하면서 빠뜨리거나 중복되지 않게 세어 봅니다.

5-1 주어진 모양은 □ 모양 4개, □ 모양 2개, ○ 모양 3개로 만든 모양입니다.
따라서 가장 적게 사용한 모양은 □ 모양입니다.

5-2 주어진 모양은 □ 모양 1개, □ 모양 6개, ○ 모양 2개로 만든 모양입니다.
따라서 가장 많이 사용한 모양은 □ 모양이고, 6개입니다.

유형 6 축구공은 어느 방향으로도 잘 굴러야 하는데 □ 모양은 세우면 잘 굴러가지 않고 눕히면 한쪽 방향으로만 잘 굴러가는 것에 유의하여 이야기를 만듭니다.

6-1 벽돌은 잘 쌓을 수 있어야 하는데 ○ 모양은 쌓을 수 없는 것에 유의하여 이야기를 만듭니다.

유형 7 보이는 모양은 평평한 부분과 둥근 부분이 모두 있으므로 □ 모양입니다.
따라서 □ 모양의 물건은 □, □으로 모두 2개입니다.

7-1 보이는 모양은 뾰족한 부분이 있으므로 □ 모양입니다.
따라서 □ 모양의 물건은 □, □, □로 모두 3개입니다.

7-2 진형이가 가지고 있는 모양은 뾰족한 부분이 있으므로 □ 모양이고, 한나가 가지고 있는 모양은 둥근 부분만 있으므로 ○ 모양이고, 세연이가 가지고 있는 모양은 평평한 부분과 둥근 부분이 모두 있으므로 □ 모양입니다.
따라서 ○ 모양의 물건을 가지고 있는 사람은 한나입니다.

유형 8 자동차 바퀴는 원하는 방향으로 잘 굴러야 함에 유의하여 알맞은 모양을 찾습니다.

8-1 3단 도시락통은 위로 쌓는 물건임에 유의하여 사용할 수 없는 모양을 찾습니다.

8-2 공 굴리기에 사용하는 물건은 잘 굴러가야 하는 물건임에 유의하여 사용할 수 없는 모양을 찾습니다.

유형 9 왼쪽 모양은 보기의 모양 중에서 □ 모양을 사용하지 않았으므로 보기의 모양을 모두 사용하여 만든 모양은 오른쪽 모양입니다.

9-1 ○ 모양이 3개인지, 2개인지에 주의하여 알맞은 모양을 찾습니다.

유형 10 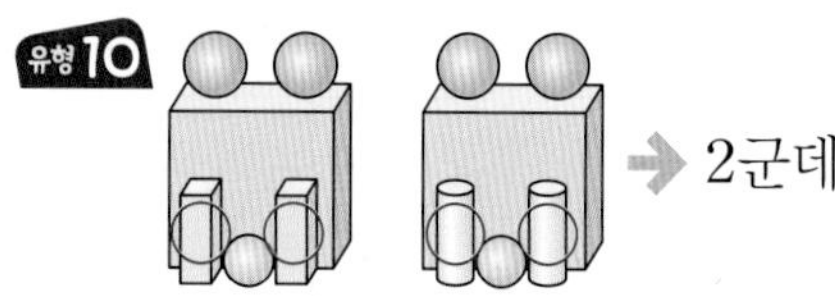 → 2군데

10-1 모양이 다른 부분을 모두 찾아 ○표 합니다.

유형 11 □ 모양을 위에서 바라보면 ■ 모양이고, □ 모양과 ○ 모양을 위에서 바라보면 ● 모양입니다.
따라서 위에서 바라본 모양이 ■ 모양인 물건은 □ 모양이므로 □, □, □로 모두 3개입니다.

11-1 □ 모양과 □ 모양을 앞에서 바라보면 ■ 모양이고, ○ 모양을 앞에서 바라보면 ● 모양입니다.
따라서 앞에서 바라본 모양이 ● 모양인 물건은 ○ 모양이므로 □, □으로 모두 2개입니다.

11-2 □ 모양과 □ 모양을 앞에서 바라보면 ■ 모양이고, ○ 모양을 앞에서 바라보면 ● 모양입니다.
따라서 앞에서 바라본 모양이 ■ 모양인 물건은 □ 모양과 □ 모양이므로 □, □, □, □으로 모두 4개입니다.

유형 12 □는 □ 모양이고, □은 □ 모양이므로 □, □ 모양이 반복되는 규칙입니다.
따라서 빈칸에 알맞은 모양의 물건은 □ 모양 다음이므로 □ 모양입니다.

12-1 □은 □ 모양이고, □는 □ 모양이고, □은 ○ 모양이므로 □, □, ○ 모양이 반복되는 규칙입니다.
따라서 빈칸에 알맞은 모양의 물건은 ○ 모양 다음이므로 □ 모양입니다.

12-2 □, ○, □, ○ 모양이 반복되는 규칙입니다. □는 □ 모양 다음에 올 모양이므로 ○ 모양이 와야 합니다.
따라서 □ 안에 알맞은 모양과 같은 모양의 물건은 ㉡ 물놀이 공입니다.

3단원 덧셈과 뺄셈

46~48쪽 AI가 추천한 단원 평가 

01 5　　02 5　　03 더하기, 합
04 (○)(　　)　　05 (선 잇기)
06 2, 5 (또는 5, 2)　　07 ㉡
08 2조각　　09 8　　10 0, 7
11 0, 7　　12 예 1, 8 / 2, 7
13 풀이 참고　　14 6층　　15 0
16 사, 랑, 해　　17 풀이 참고, 5
18 2, 4, 6 (또는 4, 2, 6)
/ 6, 2, 4 (또는 6, 4, 2)
19 8, 9　　20 9

06 전체 물 7개 중에서 먹은 물은 2개, 먹고 남은 물은 5개이므로 뺄셈식으로 나타내면 7−2=5 또는 7−5=2입니다.

07 (민규가 먹고 남은 초콜릿의 수)
=(전체 초콜릿의 수)−(먹은 초콜릿의 수)
=5−3

08 5−3=2(조각)

10 바나나는 없으므로 바나나의 수는 0개입니다.
따라서 딸기와 바나나는 모두 7+0=7(개)입니다.

11 딸기를 한 개도 먹지 않으면 먹은 딸기는 0개입니다.
따라서 먹고 남는 딸기는 7−0=7(개)입니다.

12 테니스공 9개를 가르기 해 보면 0과 9, 1과 8, 2와 7, 3과 6, 4와 5, 5와 4, 6과 3, 7과 2, 8과 1, 9와 0으로 가르기 할 수 있습니다.

13 예 진혁이가 상추 6개가 심어져 있는 텃밭에 상추를 3개 더 심었더니 상추는 모두 9개가 되었습니다.」❶

채점 기준

❶ 그림을 보고 덧셈에 관한 이야기 만들기	5점

14 (성호가 지금 있는 층)
=(엘리베이터를 탄 층)+(올라간 층수)
=1+5=6(층)

15 0+3=3, 6−6=0이므로
□ 안에 공통으로 들어갈 수는 0입니다.
참고 • 0+(어떤 수)=(어떤 수)
• (어떤 수)−(어떤 수)=0

16 • 4+3=7 ➔ 사
• 4−1=3 ➔ 랑
• 2−1=1 ➔ 해

17 예 1, 1 → ㉡, ㉡과 ㉠ → 7

1과 1을 모으면 2가 되므로 ㉡에 알맞은 수는 2입니다.」❶
2와 모으기 하여 7이 되는 수는 5이므로 ㉠에 알맞은 수는 5입니다.」❷

채점 기준

❶ ㉡에 알맞은 수 구하기	2점
❷ ㉠에 알맞은 수 구하기	3점

18 • 세 수를 사용하여 덧셈식을 만들 때에는 가장 큰 수가 합이 되어야 합니다.
따라서 만들 수 있는 덧셈식은 2+4=6 또는 4+2=6입니다.
• 세 수를 사용하여 뺄셈식을 만들 때에는 가장 큰 수가 빼지는 수가 되어야 합니다.
따라서 만들 수 있는 뺄셈식은 6−2=4 또는 6−4=2입니다.

19 9−2=7이므로 1부터 9까지의 수 중에서 7보다 큰 수를 모두 찾아봅니다.
따라서 1부터 9까지의 수 중에서 7보다 큰 수는 8, 9입니다.

20 합이 가장 큰 덧셈식을 만들려면 가장 큰 수와 두 번째로 큰 수를 더해야 합니다.
가장 큰 수는 5, 두 번째로 큰 수는 4이므로 두 수의 합은 5+4=9입니다.

49~51쪽 AI가 추천한 단원 평가 2회

01 6
02 예 9 빼기 5는 4와 같습니다.
03 ○○○○○ / △△
04 7　05 4　06 1
07 2, 9　08 수호　09 4, 8
10 (　　)(　○　)　11 9, 3, 6
12 ㉢　13 (위에서부터) 5, 3
14 풀이 참고, 2명
15 (위에서부터) 3, 3, 8, 8, 7, 7
16 풀이 참고
17 (위에서부터) 3, 4 / 4, 3, 1
18 4, 4, 4, 4　19 9　20 1, 3

02 '9와 5의 차는 4입니다.'와 같이 읽을 수도 있습니다.

03 가위의 펼친 손가락의 수는 2개이므로 △를 이어서 2개 더 그립니다.

04 ○ 5개에서부터 △를 이어 세면 6, 7이므로 5+2=7입니다.

07 수직선에서 오른쪽으로 7칸만큼 간 다음 2칸만큼 더 가서 9에 도착했으므로 덧셈식으로 나타내면 7+2=9입니다.

08 딸기 8개 중 8개를 모두 먹어 아무것도 남지 않게 된 그림이므로 바르게 말한 사람은 수호입니다.

10 1+4=5, 8−2=6이므로 계산 결과가 더 큰 것은 8−2입니다.

12 ㉢ 4−0=4
참고 (어떤 수)−0=(어떤 수)

13 (6 → ㉠, 1; ㉠ → 2, ㉡)
- 6은 5와 1로 가르기 할 수 있으므로 ㉠에 알맞은 수는 5입니다.
- 5는 2와 3으로 가르기 할 수 있으므로 ㉡에 알맞은 수는 3입니다.

14 예 버스에 남은 사람 수를 구하려면 버스에 타고 있던 사람 수에서 내린 사람 수를 빼면 되므로 6−4를 계산합니다.」 ❶
따라서 버스에 남은 사람은 6−4=2(명)입니다.」 ❷

채점 기준

❶ 문제에 알맞은 식 만들기	2점
❷ 버스에 남은 사람은 몇 명인지 구하기	3점

16 예 1+2=3과 2+1=3, 2+6=8과 6+2=8, 3+4=7과 4+3=7은 각각 계산 결과가 같습니다.」 ❶
따라서 더해지는 수와 더하는 수의 순서를 바꾸어도 계산 결과가 같음을 알 수 있습니다.」 ❷

채점 기준

❶ 덧셈식의 계산 결과 알기	2점
❷ 덧셈식을 보고 알 수 있는 내용 설명하기	3점

17 □ 모양은 주사위, 큐브, 갑 휴지이므로 모두 3개입니다.
○ 모양은 야구공, 테니스공, 탁구공, 구슬이므로 모두 4개입니다.
따라서 ○ 모양 물건은 □ 모양 물건보다 4−3=1(개) 더 많습니다.

18 6−2=4, 7−3=4이므로 차가 4가 되도록 뺄셈식을 만듭니다. 6, 7, 8로 빼지는 수가 1씩 커질 때 차가 같은 뺄셈식이 되려면 빼는 수도 1씩 커져야 합니다.
따라서 8−□에서 □ 안에 알맞은 수는 3보다 1만큼 더 큰 4이므로 차가 같은 뺄셈식은 8−4=4입니다.

19 0+0=0이므로 식을 간단하게 만들면 9−□=0입니다.
(어떤 수)−(어떤 수)=0이므로 □ 안에 알맞은 수는 9입니다.

20 모으기 하여 4가 되는 두 수는 0과 4, 1과 3, 2와 2, 3과 1, 4와 0입니다.
수 카드의 수가 0보다 크고, 은호의 수 카드의 수가 더 작아야 하므로 은호의 수 카드의 수는 1, 애나의 수 카드의 수는 3입니다.

52~54쪽 **AI가 추천한 단원 평가 3회**

01 2　02 $6+1=7$

03 예 (도넛 5개에 / 표시)

04 5, 1　05 3, 4　06 3, 7

07 3, 1　08 9

09 (위에서부터) 7, 0　10 (풀이 참고)

11 풀이 참고, ㉢, ㉠, ㉡　12 7

13 +　14 6명　15 8

16 2　17 풀이 참고, 6

18

5	3	1
0	4	2
7	1	6

19 7, 4　20 2, 4

01 7은 2와 5로 가르기 할 수 있습니다.

02 6 더하기 1은 7과 같습니다.
6 + 1 =7

03 먹은 도넛 5개만큼 /을 그어 봅니다.

05 자동차 1대가 있는데 자동차 3대가 더 들어왔으므로 덧셈식으로 나타내면 $1+3=4$입니다.

08 8과 1을 모으면 9입니다. → $8+1=9$

09 • $7-0=7$
• $7-7=0$

10 • $1+7=8$, $4+1=5$, $5+4=9$
• $1+8=9$, $0+5=5$, $4+4=8$

11 예 각각 계산을 해 보면 ㉠ $1+6=7$, ㉡ $2+7=9$, ㉢ $3+2=5$입니다.」❶
따라서 계산 결과가 작은 것부터 차례대로 기호를 쓰면 ㉢, ㉠, ㉡입니다.」❷

채점 기준

❶ 각각의 계산 결과 구하기	3점
❷ 계산 결과가 작은 것부터 차례대로 기호 쓰기	2점

12 가장 큰 수는 8이고, 가장 작은 수는 1입니다.
따라서 가장 큰 수에서 가장 작은 수를 뺀 값은 $8-1=7$입니다.

13 0에서 9를 뺄 수 없습니다.
따라서 0과 9를 더해야 하므로 ◯ 안에 알맞은 기호는 '+'입니다.
참고 0+(어떤 수)=(어떤 수)

14 (놀이터에서 놀고 있는 어린이의 수)
=(남자 어린이의 수)+(여자 어린이의 수)
$=4+2=6$(명)

15 산가지로 나타낸 덧셈을 수로 나타내어 보면 $3+5$입니다.
→ $3+5=8$

16 산가지로 나타낸 뺄셈을 수로 나타내어 보면 $9-7$입니다.
→ $9-7=2$

17 예 $4-1=3$, $5-2=3$이므로 차가 3이 되도록 뺄셈식을 만듭니다.」❶
1, 2, 3으로 빼는 수가 1씩 커질 때 빼지는 수도 1씩 커져야 차가 같아지므로 □ 안에 알맞은 수는 5보다 1만큼 더 큰 6입니다.」❷

채점 기준

❶ 세 뺄셈식의 차 구하기	2점
❷ □ 안에 알맞은 수 구하기	3점

18 • 2와 6을 모으면 8이 됩니다.
• 7과 1을 모으면 8이 됩니다.

19 큰 수에서 작은 수를 빼어 차가 3이 되는 경우를 찾습니다.
$9-2=7$, $9-4=5$, $9-7=2$, $7-2=5$, $7-4=3$, $4-2=2$이므로 알맞은 뺄셈식은 $7-4=3$입니다.

20 6을 가르기 하면 0과 6, 1과 5, 2와 4, 3과 3, 4와 2, 5와 1, 6과 0입니다.
가르기 한 두 수의 차를 각각 구해 보면
$6-0=6$, $5-1=4$, $4-2=2$, $3-3=0$이므로 두 수는 2, 4입니다.

55~57쪽 AI가 추천한 단원 평가 

01 3과 1의 차는 2입니다.

02 ㉢ 03 (선 잇기) 04 9

05 8, 3, 5 06 0, 5

07 예 ② [ ] ②

08 1 09 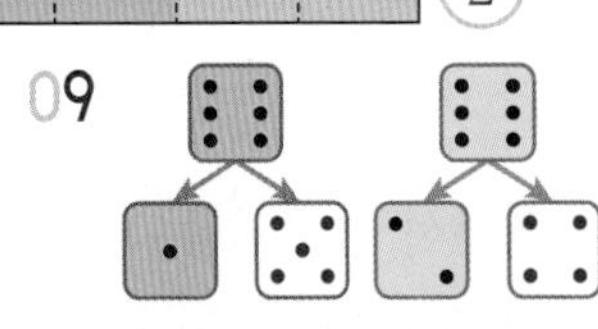

10 예 5, 3, 8 / 5 더하기 3은 8과 같습니다.

11 예 3, 2, 1 / 3 빼기 2는 1과 같습니다.

12 − 13 2, (6 3)

14 풀이 참고, 3점 15 6회

16 (위에서부터) 7, 7, 5, 7 17 혜진

18 예 (위에서부터) 1, 3, 2, 4, 5
(또는 2, 3, 1, 5, 4)

19 풀이 참고, 5 20 3

05 수직선에서 오른쪽으로 8칸만큼 간 다음 왼쪽으로 3칸만큼 가서 5에 도착했으므로 뺄셈식으로 나타내면 $8-3=5$입니다.

08 $7-6=1$

10 물고기와 불가사리의 수를 더하는 덧셈식을 만들 수 있습니다.

11 조개와 꽃게의 수의 차를 구하는 뺄셈식을 만들 수 있습니다.

12 $4+4=8$, $4-4=0$이므로 ◯ 안에 알맞은 기호는 '−'입니다.

14 예 민아가 과녁판에 쏜 화살은 각각 3점과 0점을 맞혔습니다.」 ❶
따라서 민아가 화살을 쏘아 맞힌 점수는 모두 $3+0=3$(점)입니다.」 ❷

채점 기준

❶ 민아가 과녁판에 쏜 화살이 맞힌 점수 각각 구하기	2점
❷ 민아가 화살을 쏘아 맞힌 점수는 모두 몇 점인지 구하기	3점

15 (기영이가 제기차기를 성공한 횟수)
=(1회에 성공한 횟수)+(2회에 성공한 횟수)
+(3회에 성공한 횟수)
$=4+0+2=4+2=6$(회)

16 $3+4=7$, $4+3=7$이므로 합이 7이 되도록 덧셈식을 만듭니다. 4, 3, 2로 더하는 수가 1씩 작아질 때 합이 같은 덧셈식이 되려면 더해지는 수는 1씩 커져야 합니다.
따라서 □+2에서 □ 안에 알맞은 수는 4보다 1만큼 더 큰 5이므로 합이 같은 덧셈식은 $5+2=7$입니다.

17 재용이의 눈의 수의 합은 $5+1=6$이고, 혜진이의 눈의 수의 합은 $4+4=8$입니다.
따라서 8이 6보다 크므로 나온 눈의 수의 합이 더 큰 사람은 혜진이입니다.

18 1, 2, 3 중에서 두 수를 골라 모으기 해 보면 1과 2를 모으면 3, 1과 3을 모으면 4, 2와 3을 모으면 5입니다. 모으기 하여 9가 되는 두 수는 0과 9, 1과 8, 2와 7, 3과 6, 4와 5, 5와 4, 6과 3, 7과 2, 8과 1, 9와 0이므로 9의 윗줄에는 4와 5 또는 5와 4가 들어가야 합니다.
따라서 맨 윗줄의 가운데에 3이 오도록 하여 모으기 하면 9가 되도록 모으기 할 수 있습니다.

19 예 차가 가장 큰 뺄셈식을 만들려면 가장 큰 수에서 가장 작은 수를 빼야 합니다.」 ❶
가장 큰 수는 9이고, 가장 작은 수는 4이므로 차가 가장 큰 뺄셈식을 만들면 $9-4=5$입니다.」 ❷

채점 기준

❶ 차가 가장 큰 뺄셈식을 만드는 방법 알아보기	2점
❷ 차가 가장 큰 뺄셈식 만들기	3점

20 • 2를 가르기 하면 0과 2, 1과 1, 2와 0이므로 같은 수를 더해서 2가 되는 수는 1입니다.
따라서 ●=1입니다.
• ●=1이므로 7−1=♥에서 ♥=6입니다.
• ♥=6이므로 ★+6=9입니다.
따라서 6과 모아서 9가 되는 수는 3이므로 ★=3입니다.

58~63쪽 **틀린 유형 다시 보기**

유형 1 2, 5, 7 (또는 5, 2, 7)
1-1 5+3=8 (또는 3+5=8)
1-2 7+2=9
유형 2 7, 3, 4 2-1 8−5=3
2-2 8−2=6
유형 3 ( )(○)
3-1 ( )(○) 3-2 ⑤
3-3 ㉡, ㉠, ㉣, ㉢ 유형 4 +
4-1 + (또는 −) 4-2 −
4-3 우빈
유형 5 예 거위 1마리와 오리 8마리가 있으므로 거위와 오리는 모두 9마리입니다.
5-1 예 동그란 모양의 쿠키는 6개이고, 토끼 모양의 쿠키는 2개이므로 쿠키는 모두 8개입니다.
5-2 예 구슬 5개가 들어 있는 상자에 구슬을 2개 더 넣으면 구슬은 모두 7개가 됩니다.
유형 6 (위에서부터) 3, 1
6-1 2, 7 6-2 (위에서부터) 6, 5
유형 7 5개 7-1 9송이 7-2 7명
7-3 8장 유형 8 2개 8-1 1개
8-2 5살 8-3 흰색 바둑돌, 1개
유형 9 (위에서부터) 6, 6, 3, 6
9-1 8, 8, 8, 8
9-2 5+4, 6+3
9-3 예 2+5
유형 10 (위에서부터) 1, 1, 3, 1
10-1 (위에서부터) 5, 5, 2, 5
10-2 8−6, 7−5
10-3 예 7−3
유형 11 3, 5 (또는 5, 3) 11-1 5
11-2 9, 5 11-3 1
유형 12 7, 0 (또는 6, 1 또는 5, 2 또는 4, 3)
12-1 0, 9 (또는 1, 8 또는 2, 7 또는 3, 6 또는 4, 5)
12-2 2, 6

유형 1 배 2개, 귤 5개가 있으므로 덧셈식으로 나타내면 2+5=7 또는 5+2=7입니다.

1-1 흰 우유 5개, 딸기 우유 3개가 있으므로 덧셈식으로 나타내면 5+3=8 또는 3+5=8입니다.

1-2 나뭇가지에 새 7마리가 있었는데 2마리가 더 왔으므로 참새는 모두 몇 마리인지 덧셈식으로 나타내면 7+2=9입니다.

유형 2 사과 7개 중에서 3개를 먹었으므로 남은 사과가 몇 개인지 뺄셈식으로 나타내면 7−3=4입니다.

2-1 케이크에 꽂혀 있는 초 8개 중에서 5개의 초에 불이 꺼졌으므로 불이 켜진 초는 몇 개인지 뺄셈식으로 나타내면 8−5=3입니다.

2-2 나뭇가지에 새 8마리가 있었는데 2마리가 날아갔으므로 남은 참새는 몇 마리인지 뺄셈식으로 나타내면 8−2=6입니다.

유형 3 6+2=8, 1+8=9이므로 계산 결과가 더 큰 것은 1+8입니다.

3-1 4−1=3, 8−6=2이므로 계산 결과가 더 작은 것은 8−6입니다.

3-2 ① 1+2=3 ② 3+3=6 ③ 7+1=8
④ 5−1=4 ⑤ 9−0=9
따라서 계산 결과가 가장 큰 것은 ⑤입니다.

3-3 ㉠ 3+2=5 ㉡ 6+1=7
㉢ 6−4=2 ㉣ 9−6=3
따라서 계산 결과가 큰 것부터 차례대로 기호를 쓰면 ㉡, ㉠, ㉣, ㉢입니다.

유형 4 0에서 7을 뺄 수 없습니다.
따라서 0과 7을 더해야 하므로 ◯ 안에 알맞은 기호는 '+'입니다.
참고 0+(어떤 수)=(어떤 수)

4-1 5+0=5, 5−0=5이므로 ○ 안에는 '+', '−' 기호가 모두 가능합니다.

4-2 3+3=6, 3−3=0이므로 ○ 안에 알맞은 기호는 '−'입니다.

4-3 • 진호: 1+1=2, 1−1=0이므로 ○ 안에 알맞은 기호는 '+'입니다.
• 세연: 0에서 1을 뺄 수 없습니다.
따라서 0과 1을 더해야 하므로 ○ 안에 알맞은 기호는 '+'입니다.
• 우빈: 1+1=2, 1−1=0이므로 ○ 안에 알맞은 기호는 '−'입니다.
따라서 ○ 안에 알맞은 기호가 다른 식을 만든 사람은 우빈이입니다.

유형 5 뺄셈식으로 이야기를 만들면 다음과 같습니다.
'오리가 8마리, 거위가 1마리 있으므로 오리는 거위보다 7마리 더 많습니다.'

5-1 뺄셈식으로 이야기를 만들면 다음과 같습니다.
'동그란 모양의 쿠키가 6개, 토끼 모양의 쿠키가 2개 있으므로 동그란 모양의 쿠키는 토끼 모양의 쿠키보다 4개 더 많습니다.'

5-2 뺄셈식으로 이야기를 만들면 다음과 같습니다.
'구슬 7개가 들어 있는 상자에서 구슬 2개를 꺼내면 상자에는 구슬 5개가 남습니다.'

유형 6

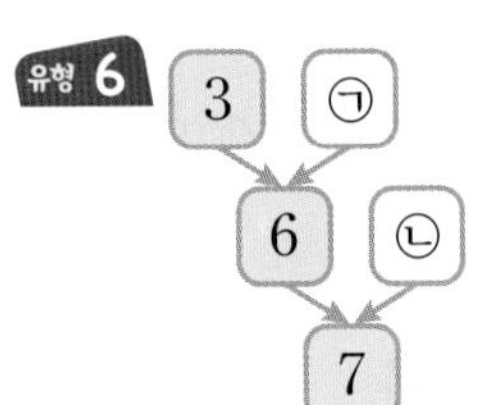

• 3과 모으기 하여 6이 되는 수는 3이므로 ㉠에 알맞은 수는 3입니다.
• 6과 모으기 하여 7이 되는 수는 1이므로 ㉡에 알맞은 수는 1입니다.

6-1

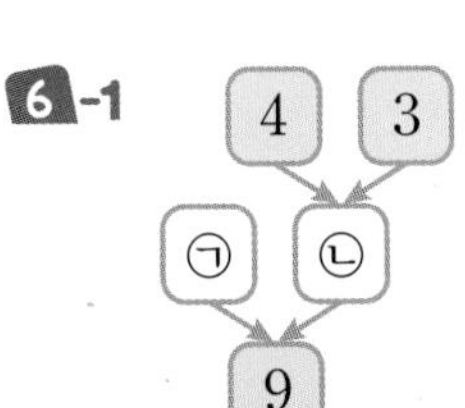

• 4와 3을 모으면 7이므로 ㉡에 알맞은 수는 7입니다.
• 7과 모으기 하여 9가 되는 수는 2이므로 ㉠에 알맞은 수는 2입니다.

6-2 • 8은 2와 6으로 가르기 할 수 있으므로 ㉠에 알맞은 수는 6입니다.
• 6은 5와 1로 가르기 할 수 있으므로 ㉡에 알맞은 수는 5입니다.

유형 7 (야구공과 테니스공의 수)
=(야구공의 수)+(테니스공의 수)
=1+4=5(개)

참고 모두 몇 개인지 구하거나 수가 늘어나는 경우 덧셈식을 만듭니다.

7-1 (꽃병에 꽂혀 있는 장미의 수)
=(처음에 꽂혀 있던 장미의 수)
+(더 꽂은 장미의 수)
=4+5=9(송이)

7-2 (지금 버스에 타고 있는 사람 수)
=(처음에 타고 있던 사람 수)
+(이번 정류장에서 더 탄 사람 수)
=5+2=7(명)

7-3 (두 사람이 가지고 있는 딱지의 수)
=(하준이가 가지고 있는 딱지의 수)
+(서아가 가지고 있는 딱지의 수)
=3+5=8(장)

유형 8 (빨간색과 파란색 구슬 수의 차)
=(빨간색 구슬의 수)−(파란색 구슬의 수)
=4−2=2(개)

참고 두 양을 비교하거나 덜어 내는 경우 뺄셈식을 만듭니다.

8-1 (남은 만두의 수)
=(처음에 있던 만두의 수)−(먹은 만두의 수)
=5−4=1(개)

8-2 (지연이의 동생의 나이)
=(지연이의 나이)−3
=8−3=5(살)

8-3 9가 8보다 크므로 흰색 바둑돌이 검은색 바둑돌보다 9−8=1(개) 더 많습니다.

유형 9 $1+5=6$, $2+4=6$이므로 합이 6이 되도록 덧셈식을 만듭니다. 1, 2, 3으로 더해지는 수가 1씩 커질 때 합이 같은 덧셈식이 되려면 더하는 수는 1씩 작아져야 합니다.
따라서 $3+\square$에서 $\square$ 안에 알맞은 수는 4보다 1만큼 더 작은 3이므로 합이 같은 덧셈식은 $3+3=6$입니다.

9-1 $2+6=8$, $1+7=8$이므로 합이 8이 되도록 덧셈식을 만듭니다. 2, 1, 0으로 더해지는 수가 1씩 작아질 때 합이 같은 덧셈식이 되려면 더하는 수는 1씩 커져야 합니다.
따라서 $0+\square$에서 $\square$ 안에 알맞은 수는 7보다 1만큼 더 큰 8이므로 합이 같은 덧셈식은 $0+8=8$입니다.

9-2 $5+4=9$, $4+4=8$, $6+3=9$

9-3 $3+4=7$, $1+6=7$이므로 합이 7이 되도록 덧셈식을 만듭니다.
참고 $0+7=7$, $2+5=7$, $4+3=7$, $5+2=7$, $6+1=7$, $7+0=7$

유형 10 $2-1=1$, $3-2=1$이므로 차가 1이 되도록 뺄셈식을 만듭니다. 2, 3, 4로 빼지는 수가 1씩 커질 때 차가 같은 뺄셈식이 되려면 빼는 수도 1씩 커져야 합니다.
따라서 $4-\square$에서 $\square$ 안에 알맞은 수는 2보다 1만큼 더 큰 3이므로 차가 같은 뺄셈식은 $4-3=1$입니다.

10-1 $5-0=5$, $6-1=5$이므로 차가 5가 되도록 뺄셈식을 만듭니다. 5, 6, 7로 빼지는 수가 1씩 커질 때 차가 같은 뺄셈식이 되려면 빼는 수도 1씩 커져야 합니다.
따라서 $7-\square$에서 $\square$ 안에 알맞은 수는 1보다 1만큼 더 큰 2이므로 차가 같은 뺄셈식은 $7-2=5$입니다.

10-2 $8-6=2$, $5-2=3$, $7-5=2$

10-3 $8-4=4$, $6-2=4$이므로 차가 4가 되도록 뺄셈식을 만듭니다.
참고 $9-5=4$, $7-3=4$, $5-1=4$, $4-0=4$

유형 11 두 수의 합이 8이 되는 경우를 찾습니다.
$0+1=1$, $0+3=3$, $0+5=5$, $1+3=4$, $1+5=6$, $3+5=8$이므로 알맞은 덧셈식은 $3+5=8$ 또는 $5+3=8$입니다.

11-1 합이 가장 작은 덧셈식을 만들려면 가장 작은 수와 두 번째로 작은 수를 더해야 합니다.
가장 작은 수는 2이고, 두 번째로 작은 수는 3이므로 합이 가장 작은 덧셈식은 $2+3=5$입니다.

11-2 큰 수에서 작은 수를 빼어 차가 4가 되는 경우를 찾습니다.
$9-0=9$, $9-2=7$, $9-5=4$, $5-0=5$, $5-2=3$, $2-0=2$이므로 알맞은 뺄셈식은 $9-5=4$입니다.

11-3 만들 수 있는 뺄셈식은 모두 $8-2=6$, $8-5=3$, $8-7=1$, $7-2=5$, $7-5=2$, $5-2=3$입니다.
따라서 차가 가장 작은 뺄셈식은 $8-7=1$입니다.

유형 12 모으기 하여 7이 되는 두 수는 0과 7, 1과 6, 2와 5, 3과 4, 4와 3, 5와 2, 6과 1, 7과 0입니다. 현서의 수 카드의 수가 더 커야 하므로 현서와 진우의 수 카드의 수는 7과 0, 6과 1, 5와 2, 4와 3이 될 수 있습니다.

12-1 모으기 하여 9가 되는 두 수는 0과 9, 1과 8, 2와 7, 3과 6, 4와 5, 5와 4, 6과 3, 7과 2, 8과 1, 9와 0입니다. 의진이의 수 카드의 수가 더 작아야 하므로 의진이와 성민이의 수 카드의 수는 0과 9, 1과 8, 2와 7, 3과 6, 4와 5가 될 수 있습니다.

12-2 모으기 하여 8이 되는 두 수는 0과 8, 1과 7, 2와 6, 3과 5, 4와 4, 5와 3, 6과 2, 7과 1, 8과 0입니다. 승건이의 수 카드의 수가 더 커야 하고 두 수의 차가 4여야 하므로 $8-0=8$, $7-1=6$, $6-2=4$, $5-3=2$에서 지민이의 수 카드의 수는 2이고, 승건이의 수 카드의 수는 6입니다.

4단원 비교하기

66~68쪽 AI가 추천한 단원 평가 1회

01 ( ) (○)
02 (△) ( )
03 좁습니다
04 많습니다
05 ①, ②
06 ( ) (○)
07 (○) ( )
08 예
09 ㉣
10 공책
11 (○) ( )
12 ( ) (○) ( )
13 가
14 풀이 참고
15 ( ) ( ) (△)
16 석재
17
18 은주
19 고양이
20 풀이 참고, 가 컵

09 두 물건을 겹쳐서 어느 쪽이 남는지 확인하는 것은 넓이를 비교할 때 사용하는 방법입니다.

11 터널을 통과하기 위해서는 자동차의 높이가 터널보다 낮아야 합니다.
따라서 터널을 통과할 수 있는 자동차는 왼쪽 자동차입니다.

12 똑같은 컵에 담긴 물이므로 물의 높이가 높을수록 물이 많이 담긴 컵입니다.
따라서 물이 가장 많이 담긴 컵은 높이가 가장 높은 가운데 컵입니다.

13 양쪽 끝이 맞추어져 있을 때에는 더 많이 구부러져 있는 선의 길이가 더 깁니다.
따라서 가장 긴 것은 가입니다.

14 예 책상은 책가방보다 더 무거워서 들기 어렵습니다.」❶

채점 기준

❶ 알맞은 상황이 되도록 이야기 만들기	5점

15 병의 입구의 넓이를 비교하면 가장 좁은 것은 맨 오른쪽 병입니다.

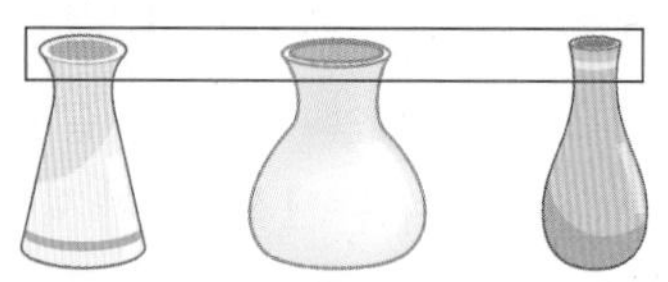

주의 병에 담을 수 있는 양을 비교하는 것이 아니라 병의 입구의 넓이를 비교해야 하는 것에 주의합니다.

16 우유를 더 많이 마신 사람의 우유가 더 적게 남아 있습니다.
따라서 우유를 더 많이 마신 사람은 남은 우유가 더 적은 석재입니다.

17 • 첫째는 가장 적게 담긴 것을 먹으려고 하므로 맨 오른쪽 자리에 앉습니다.
• 셋째는 둘째보다 더 많이 담긴 것을 먹으려고 하므로 가장 많이 담긴 가운데 자리에 앉습니다.
• 둘째는 남은 자리인 맨 왼쪽 자리에 앉습니다.

18 은주의 키는 사다리 6칸만큼의 길이와 같고, 성현이의 키는 사다리 4칸만큼의 길이와 같고, 혜진이의 키는 사다리 5칸만큼의 길이와 같습니다.
따라서 키가 가장 큰 사람은 사다리 칸의 수가 가장 많은 은주입니다.

19 시소가 올라간 쪽이 더 가벼우므로 강아지와 고양이 중에서는 고양이가 더 가볍고, 강아지와 양 중에서는 강아지가 더 가볍습니다.
따라서 가장 가벼운 동물은 고양이입니다.

20 예 담을 수 있는 양이 많은 컵일수록 더 적은 횟수로 수조에 가득 채운 물을 모두 퍼낼 수 있습니다.」❶
따라서 담을 수 있는 양이 가장 많은 컵은 퍼낸 횟수가 가장 적은 가 컵입니다.」❷

채점 기준

❶ 컵의 크기가 클수록 더 적은 횟수로 물을 모두 퍼낼 수 있음을 알기	2점
❷ 담을 수 있는 양이 가장 많은 컵 구하기	3점

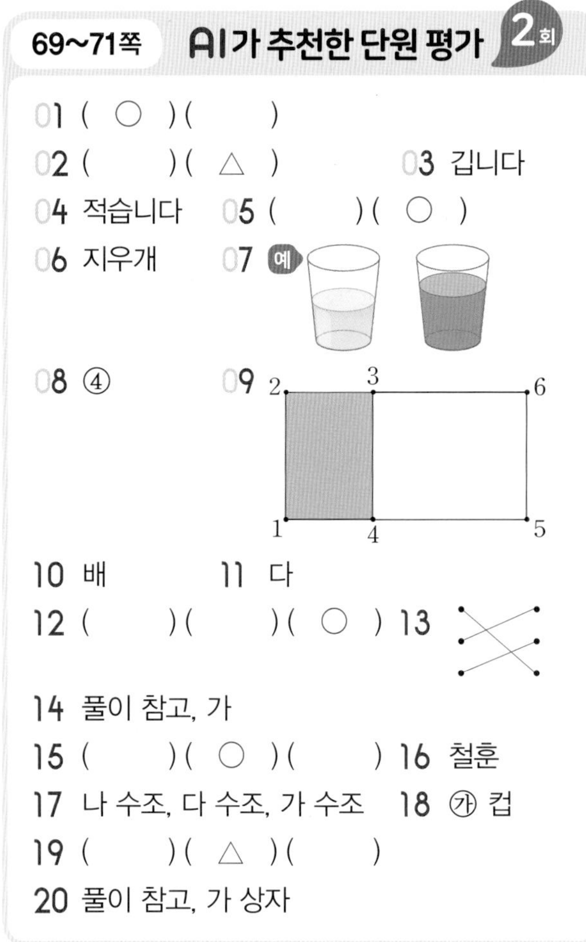

69~71쪽 **AI가 추천한 단원 평가 2회**

01 (○)( )
02 ( )(△) 03 깁니다
04 적습니다 05 ( )(○)
06 지우개 07 예
08 ④ 09
10 배 11 다
12 ( )( )(○) 13
14 풀이 참고, 가
15 ( )(○)( ) 16 철훈
17 나 수조, 다 수조, 가 수조 18 ㉮ 컵
19 ( )(△)( )
20 풀이 참고, 가 상자

06 저울에서는 무거운 물건일수록 아래로 내려가므로 더 무거운 물건은 지우개입니다.

07 똑같은 컵에 담긴 물이므로 담긴 물의 양이 더 많으려면 왼쪽 물의 높이보다 더 높게 그려야 합니다.

08 두 종이를 완전히 겹쳐서 비교해야 더 넓은 종이를 찾을 수 있습니다.

09 1부터 6까지 순서대로 이은 다음 두 부분의 넓이를 비교하여 더 좁은 쪽에 색칠합니다.

10 용수철이 더 많이 늘어난 배가 더 무겁습니다.

11 연결 모형은 크기가 모두 같고, 한 줄로 연결했으므로 연결 모형을 가장 많이 사용한 것이 가장 깁니다.
따라서 가장 긴 것은 다입니다.

12 부채를 가장 많이 펼친 것이 가장 넓습니다.

13 동물의 몸무게가 무거울수록 종이가 많이 구겨집니다. 따라서 가장 많이 구겨진 상자 위에는 사슴이 올라갔고, 가장 적게 구겨진 상자 위에는 병아리가 올라갔습니다.

14 예 한 칸의 넓이가 같으므로 칸 수가 더 많은 것이 더 넓습니다.」 ❶
따라서 가는 5칸, 나는 4칸이므로 더 넓은 것은 가입니다.」 ❷

채점 기준

❶ 더 넓은 것을 찾는 방법 알기	2점
❷ 더 넓은 것 찾기	3점

15 세 컵에 담긴 주스의 높이가 같으므로 세 컵의 크기를 비교합니다. 가운데 컵이 가장 크므로 주스가 가장 많이 담긴 컵은 가운데 컵입니다.

16 위쪽이 맞추어져 있으므로 아래쪽을 비교하면 아래쪽으로 더 적게 내려간 철훈이의 키가 더 작습니다.

17 동시에 물을 받기 시작하여 동시에 잠갔으므로 세 수조에 받은 물의 양은 같습니다.
따라서 수조를 가득 채우지 못한 나 수조에 담을 수 있는 양이 가장 많고, 수조를 가득 채우고 넘쳐 흐른 가 수조에 담을 수 있는 양이 가장 적습니다.

18 컵이 클수록 적은 횟수로 물을 부어서 수조에 물을 가득 채울 수 있습니다.
따라서 물을 더 많이 담을 수 있는 컵은 수조에 부은 횟수가 더 적은 ㉮ 컵입니다.

19 매듭으로 사용한 리본의 길이가 모두 같으므로 상자의 크기가 작을수록 사용한 리본의 길이가 짧습니다.
따라서 사용한 리본의 길이가 가장 짧은 것은 상자의 크기가 가장 작은 가운데 상자입니다.

20 예 다 상자가 나 상자보다 더 가벼우므로 나 상자가 다 상자보다 더 무겁습니다.」 ❶
따라서 무거운 상자부터 차례대로 알아보면 가 상자, 나 상자, 다 상자로 가장 무거운 상자는 가 상자입니다.」 ❷

채점 기준

❶ 나 상자와 다 상자의 무게 비교하기	2점
❷ 가장 무거운 상자 구하기	3점

72~74쪽 AI가 추천한 단원 평가 3회

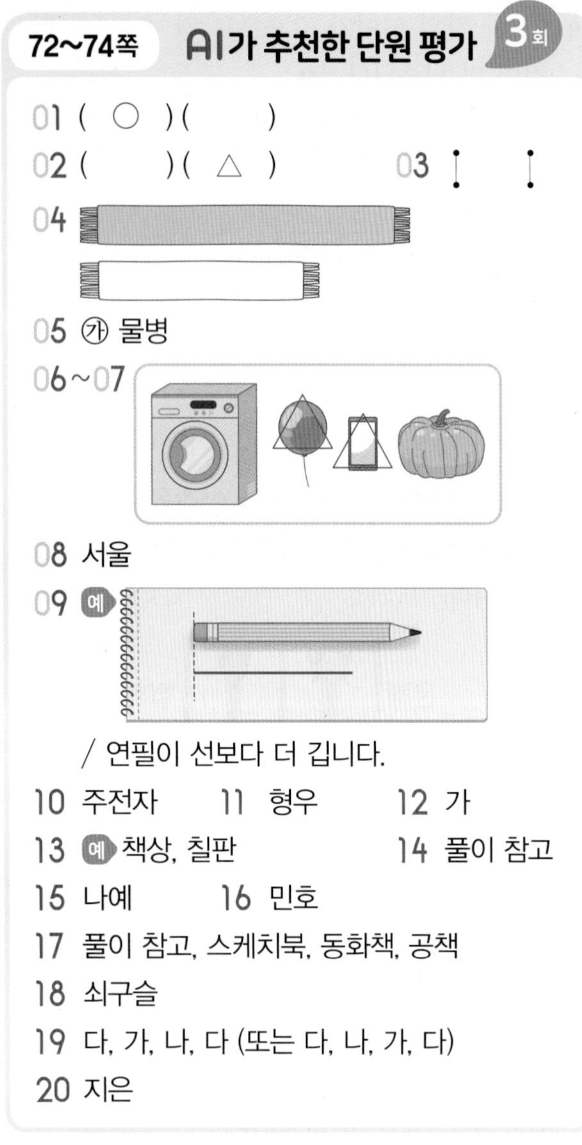

03 시소에서는 올라간 쪽이 더 가볍고, 내려간 쪽이 더 무겁습니다.

05 크기가 같은 수조에 물을 옮겨 담았으므로 물의 높이가 더 높은 ㉮ 물병에 담을 수 있는 양이 더 많습니다.

08 교실, 놀이터는 운동장보다 더 좁습니다.

10 옮겨 따른 컵의 수가 적을수록 담을 수 있는 양이 적습니다.
따라서 주전자는 6컵, 물병은 7컵이므로 담을 수 있는 양이 더 적은 것은 주전자입니다.

11 양쪽 끝이 맞추어져 있을 때에는 더 많이 구부러져 있는 것이 더 깁니다.
따라서 더 긴 줄넘기를 가지고 있는 사람은 줄넘기가 더 구부러진 형우입니다.

12 한 칸의 크기가 같으므로 색칠한 칸 수가 더 많은 것이 색칠한 부분이 더 넓습니다.
따라서 가는 5칸, 나는 4칸이므로 색칠한 부분이 더 넓은 것은 가입니다.

14 예 책이 멀리 있어서 잘 보이지 않고, 허리를 숙이고 공부해야 해서 허리가 아플 것 같습니다.」❶

채점 기준

❶ 책상의 높이가 의자의 높이보다 낮을 때 생기는 일 이야기하기	5점

15 똑같은 컵에 우유를 가득 채웠으므로 우유를 가장 적게 마신 사람의 우유가 가장 많이 남아 있습니다.
따라서 우유를 가장 적게 마신 사람은 남은 우유의 양이 가장 많은 나예입니다.

16 위쪽이 맞추어져 있으므로 아래쪽을 비교하면 더 아래 계단에 있는 민호가 더 큽니다.

17 예 세 물건의 넓이를 비교하면 스케치북, 동화책, 공책 순으로 넓습니다.」❶
넓이가 넓을수록 포장지가 많이 필요하므로 포장지가 많이 필요한 것부터 차례대로 쓰면 스케치북, 동화책, 공책입니다.」❷

채점 기준

❶ 세 물건의 넓이 비교하기	3점
❷ 포장지가 많이 필요한 것부터 차례대로 쓰기	2점

18 쇠구슬 2개의 무게와 같은 무게가 되기 위해서 유리구슬이 쇠구슬보다 1개 더 많이 필요하므로 1개의 무게가 더 무거운 것은 쇠구슬입니다.

19 세 그릇에 똑같은 양만 담으면 되므로 가장 작은 그릇을 기준으로 하여 가장 작은 그릇에 담을 수 있는 양만큼 세 그릇에 각각 담습니다.

20 3번부터 6번까지의 땅을 오른쪽과 같이 나누어 보면 1번부터 8번까지 모든 땅의 넓이가 같음을 알 수 있습니다.

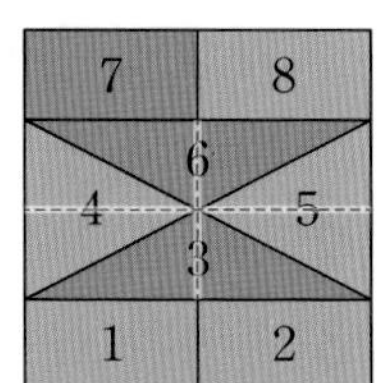

따라서 파란색은 5칸, 빨간색은 3칸이므로 땅을 더 많이 얻은 사람은 지은이입니다.

75~77쪽 AI가 추천한 단원 평가 4회

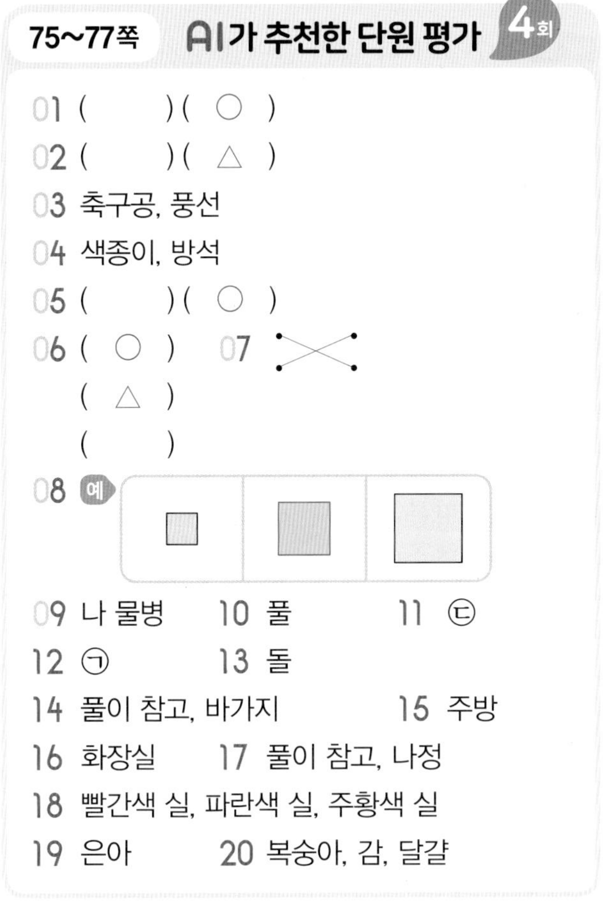

01 (　　)(○)
02 (　　)(△)
03 축구공, 풍선
04 색종이, 방석
05 (　　)(○)
06 (○)
(△)
(　　)
07
08 예
09 나 물병　10 풀　11 ㉢
12 ㉠　13 돌
14 풀이 참고, 바가지　15 주방
16 화장실　17 풀이 참고, 나정
18 빨간색 실, 파란색 실, 주황색 실
19 은아　20 복숭아, 감, 달걀

05 모양과 크기가 같은 그릇에 담긴 물의 양은 물의 높이가 높을수록 많습니다.

06 왼쪽 끝이 맞추어져 있으므로 오른쪽 끝을 비교해 보면 맨 위의 선이 가장 길고, 가운데 선이 가장 짧습니다.

07 왼쪽 얼굴은 들기 무거워 보이므로 봉지에 무거운 유리병이 들어 있고, 오른쪽 얼굴은 가벼워 보이므로 봉지에 가벼운 페트병이 들어 있습니다.

09 가 물병에 담을 수 있는 물의 양은 컵 5개와 같고, 나 물병에 담을 수 있는 물의 양은 컵 4개와 같습니다.
따라서 담을 수 있는 양이 더 적은 물병은 나 물병입니다.

10 용수철이 가장 적게 늘어난 풀이 가장 가볍습니다.

11 병의 모양과 크기가 같으므로 왼쪽 물병보다 물이 더 많이 담긴 것은 물의 높이가 더 높은 ㉢입니다.

12 연결 모형은 크기가 모두 같고, 한 줄로 연결했으므로 연결 모형을 가장 많이 사용한 것을 세웠을 때 높이가 가장 높습니다.
따라서 높이가 가장 높은 것은 연결 모형을 5개 사용한 ㉠입니다.

13 돌이 솜보다 더 무거우므로 돌을 가득 채워 넣은 상자가 더 무겁습니다.

14 예 물병에 가득 들어 있는 물을 모두 바가지에 옮겨 담아도 바가지가 가득 차지 않았으므로, 바가지를 가득 채울 때까지 더 필요한 물의 양만큼 바가지에 담을 수 있는 양이 더 많습니다.」❶

채점 기준

❶ 물병과 바가지에 담을 수 있는 양 비교하기	5점

17 예 모눈종이의 한 칸의 크기가 같으므로 모눈을 따라 그은 획수가 많을수록 긴 선을 그은 것입니다.」❶
따라서 은지는 8획, 서원이는 6획, 나정이는 9획을 그었으므로 가장 긴 선을 그은 사람은 나정이입니다.」❷

채점 기준

❶ 가장 긴 선을 그은 사람을 찾는 방법 알기	2점
❷ 가장 긴 선을 그은 사람 구하기	3점

18 실패에 실을 더 많이 감을수록 실의 길이가 더 깁니다.
따라서 감은 실의 길이가 긴 것부터 차례대로 쓰면 빨간색 실, 파란색 실, 주황색 실입니다.

19 똑같은 크기의 색종이를 사용했으므로 남은 색종이의 넓이가 넓을수록 적게 사용한 것입니다.
따라서 남은 색종이의 넓이가 가장 넓은 은아가 색종이를 가장 적게 사용했습니다.

참고

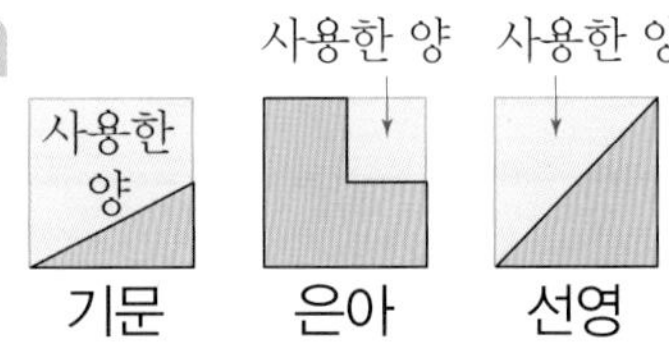

20 복숭아 1개의 무게는 달걀 4개의 무게와 같고, 감 1개의 무게는 달걀 3개의 무게와 같으므로 복숭아가 감보다 더 무겁습니다.
따라서 무거운 것부터 차례대로 쓰면 복숭아, 감, 달걀입니다.

78~83쪽 **틀린 유형 다시 보기**

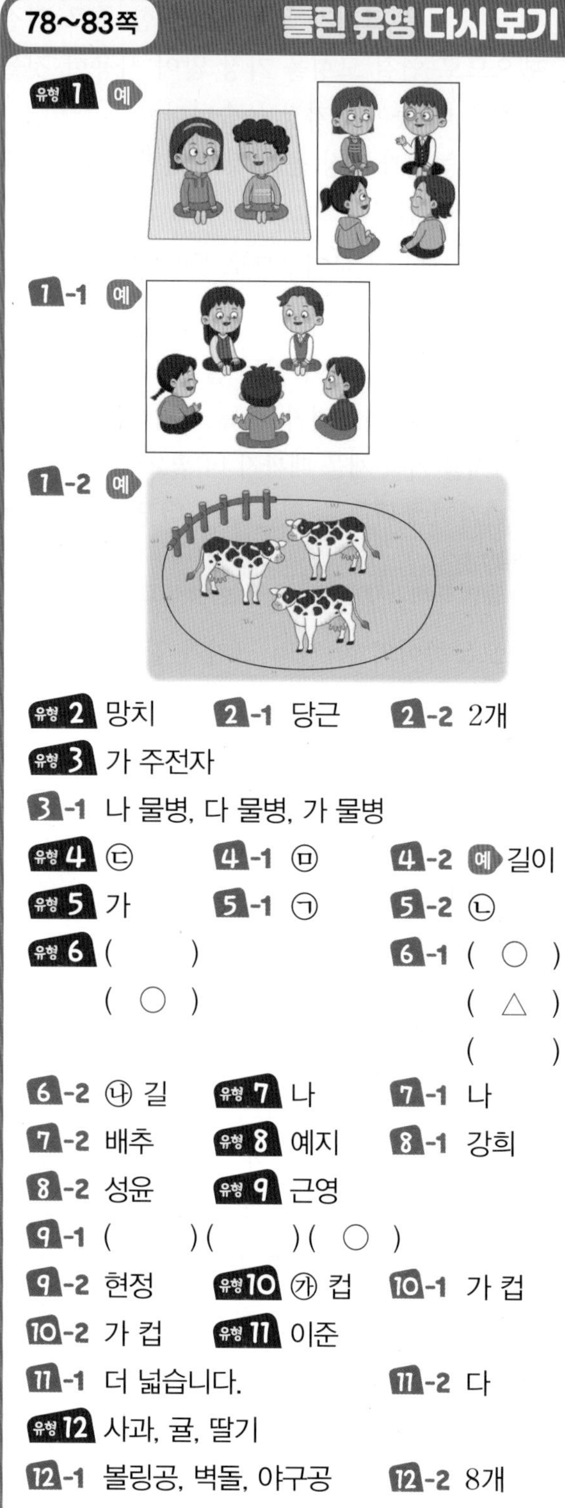

유형 1 예

1-1 예

1-2 예

유형 2 망치　2-1 당근　2-2 2개

유형 3 가 주전자

3-1 나 물병, 다 물병, 가 물병

유형 4 ㉢　4-1 ㉤　4-2 예 길이

유형 5 가　5-1 ㉠　5-2 ㉡

유형 6 (　　) (　○　)　6-1 (　○　) (　△　) (　　)

6-2 ㉯ 길　유형 7 나　7-1 나

7-2 배추　유형 8 예지　8-1 강희

8-2 성윤　유형 9 근영

9-1 (　　)(　　)(　○　)

9-2 현정　유형 10 ㉮ 컵　10-1 가 컵

10-2 가 컵　유형 11 이준

11-1 더 넓습니다.　11-2 다

유형 12 사과, 귤, 딸기

12-1 볼링공, 벽돌, 야구공　12-2 8개

유형 1 네 명의 학생이 모두 들어가도록 돗자리를 그립니다.

1-1 다섯 명의 학생이 모두 들어가도록 돗자리를 그립니다.

1-2 세 마리의 소가 모두 들어가도록 울타리를 그립니다.

유형 2 용수철이 더 많이 늘어난 망치가 더 무겁습니다.

2-1 용수철이 가장 많이 늘어난 당근이 가장 무겁습니다.

2-2 빨간색 방울보다 용수철이 더 많이 늘어난 것을 찾으면 파란색 방울과 초록색 방울이므로 빨간색 방울보다 더 무거운 방울은 모두 2개입니다.

유형 3 옮겨 따른 컵의 수가 많을수록 담을 수 있는 양이 많습니다.
가 주전자에 담을 수 있는 물의 양은 컵 9개와 같고, 나 주전자에 담을 수 있는 물의 양은 컵 7개와 같습니다.
따라서 담을 수 있는 양이 더 많은 주전자는 가 주전자입니다.

3-1 옮겨 따른 컵의 수가 적을수록 담을 수 있는 양이 적습니다.
따라서 담을 수 있는 양이 적은 물병부터 차례대로 쓰면 나 물병, 다 물병, 가 물병입니다.

유형 4 양손에 각각 물건을 들어 보는 것은 양손에 든 물건의 무게를 비교할 때 사용하는 방법입니다.

4-1 바가지에 물을 가득 채운 다음 수조에 물을 붓는 것은 수조에 물이 얼마나 차는지 확인하여 바가지와 수조에 담을 수 있는 양을 비교할 때 사용하는 방법입니다.

4-2 줄넘기를 사기 위해서는 가장 먼저 길이를 비교해야 하지만 무게와 가격 같은 것도 비교하여 살 수 있습니다.

유형 5 연결 모형은 크기가 모두 같고, 한 줄로 연결했으므로 연결 모형을 가장 많이 사용한 것이 가장 깁니다.
따라서 길이가 가장 긴 것은 연결 모형을 9개 사용한 가입니다.

5-1 연결 모형 4개로 ㉠은 3층, ㉡은 2층, ㉢은 1층으로 연결한 것입니다.
따라서 가장 높은 것은 ㉠입니다.

5-2 연결 모형은 크기가 모두 같고, 한 줄로 연결했으므로 연결 모형을 가장 적게 사용한 것을 세웠을 때 높이가 가장 낮습니다.
연결 모형을 ㉠은 4개, ㉡은 2개, ㉢은 3개 연결한 것입니다.
따라서 높이가 가장 낮은 것은 연결 모형을 가장 적게 사용한 ㉡입니다.

유형 6 양쪽 끝이 맞추어져 있을 때에는 더 많이 구부러져 있는 선의 길이가 더 깁니다.
따라서 더 긴 실은 아래쪽 실입니다.

6-1 양쪽 끝이 맞추어져 있으므로 가장 긴 실은 가장 많이 구부러진 맨 위의 실이고, 가장 짧은 실은 구부러진 곳이 없는 가운데 실입니다.

6-2 양쪽 끝이 맞추어져 있으므로 가장 짧은 길은 구부러진 곳이 없는 ㉯ 길입니다.
참고 두 점을 연결할 때 곧게 그은 선의 길이가 가장 짧습니다.

유형 7 한 칸의 넓이가 같으므로 칸 수가 더 많은 것이 더 넓습니다.

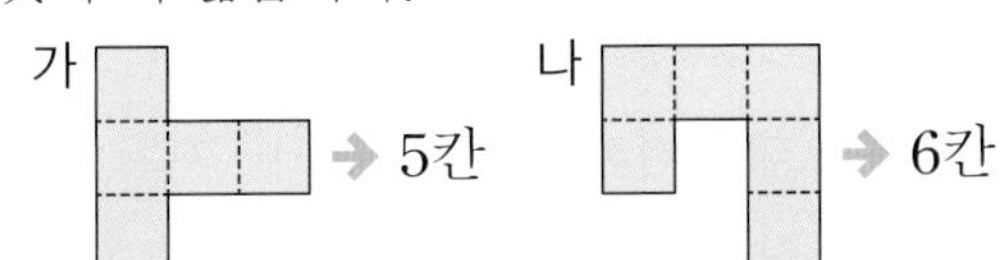

따라서 가는 5칸, 나는 6칸이므로 더 넓은 것은 나입니다.

7-1 한 칸의 크기가 같으므로 색칠한 칸 수가 더 많은 것이 색칠한 부분이 더 넓습니다.

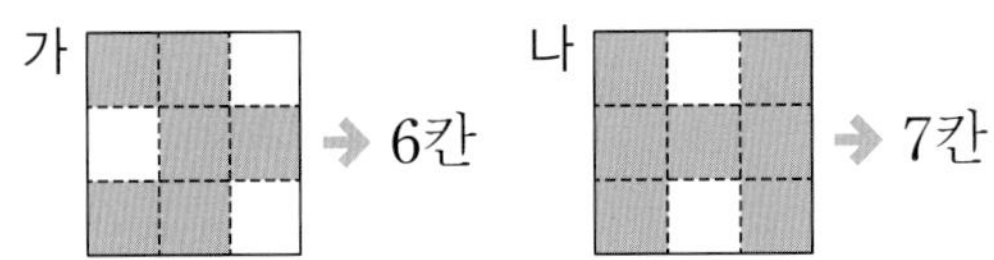

따라서 가는 6칸, 나는 7칸이므로 색칠한 부분이 더 넓은 것은 나입니다.

7-2 한 칸의 넓이가 같으므로 칸 수가 더 많은 것이 더 넓습니다.
따라서 오이는 3칸, 배추는 4칸, 가지는 2칸이므로 가장 넓은 곳에 심은 것은 배추입니다.

유형 8 물을 더 많이 마신 사람의 물이 더 적게 남아 있습니다.
따라서 물을 더 많이 마신 사람은 남은 물의 양이 더 적은 예지입니다.
주의 물이 더 많이 남아 있는 승진이라고 답하지 않도록 주의합니다.

8-1 똑같은 컵에 주스를 똑같이 채웠으므로 주스를 가장 많이 마신 사람의 주스가 가장 적게 남아 있습니다.
따라서 주스를 가장 많이 마신 사람은 주스가 가장 적게 남은 강희입니다.

8-2 똑같은 컵에 우유를 똑같이 채웠으므로 우유를 가장 적게 마신 사람의 우유가 가장 많이 남아 있습니다.
따라서 우유를 가장 적게 마신 사람은 우유가 가장 많이 남은 성윤이입니다.

유형 9 위쪽이 맞추어져 있으므로 아래쪽을 비교하면 아래쪽으로 더 적게 내려간 근영이의 키가 더 작습니다.

9-1 위쪽이 맞추어져 있으므로 아래쪽을 비교하면 아래쪽으로 가장 많이 내려간 맨 오른쪽 바지가 가장 깁니다.

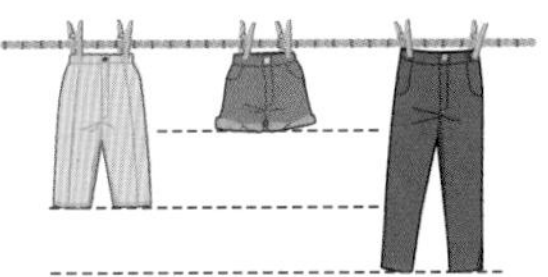

9-2 위쪽이 맞추어져 있으므로 아래쪽을 비교하면 아래쪽으로 가장 많이 내려간 현정이의 키가 가장 큽니다.

유형 10 컵이 클수록 적은 횟수로 물을 부어서 수조에 물을 가득 채울 수 있습니다.
따라서 물을 더 많이 담을 수 있는 컵은 수조에 부은 횟수가 더 적은 ㉮ 컵입니다.

10-1 담을 수 있는 양이 많은 컵일수록 더 적은 횟수로 수조에 가득 채운 물을 모두 퍼낼 수 있습니다.
따라서 담을 수 있는 양이 가장 많은 컵은 퍼낸 횟수가 가장 적은 가 컵입니다.

10-2 담을 수 있는 양의 적은 컵일수록 더 많은 횟수로 수조에 가득 채운 물을 퍼내야 합니다.
따라서 담을 수 있는 양이 가장 적은 컵은 퍼낸 횟수가 가장 많은 가 컵입니다.

유형 11 똑같은 크기의 색종이를 사용했으므로 남은 색종이의 넓이가 좁을수록 많이 사용한 것입니다.
따라서 남은 색종이의 넓이가 가장 좁은 이준이가 색종이를 가장 많이 사용했습니다.

참고

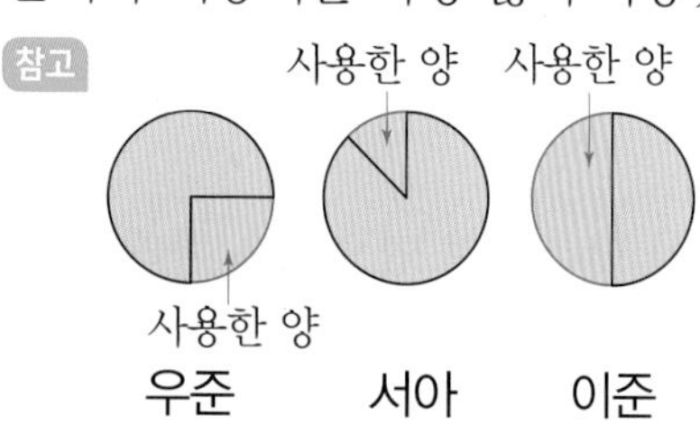

11-1 색종이는 접을수록 넓이가 더 좁아집니다.
따라서 2번 접은 색종이의 넓이가 3번 접은 색종이의 넓이보다 더 넓습니다.

11-2 똑같은 크기의 색종이를 같은 크기로 잘랐으므로 자른 조각이 많을수록 한 조각의 크기가 더 좁습니다.
따라서 자른 한 조각의 크기가 가장 좁은 색종이는 자른 조각의 수가 가장 많은 다입니다.

참고 자른 한 조각의 크기를 비교해 봅니다.

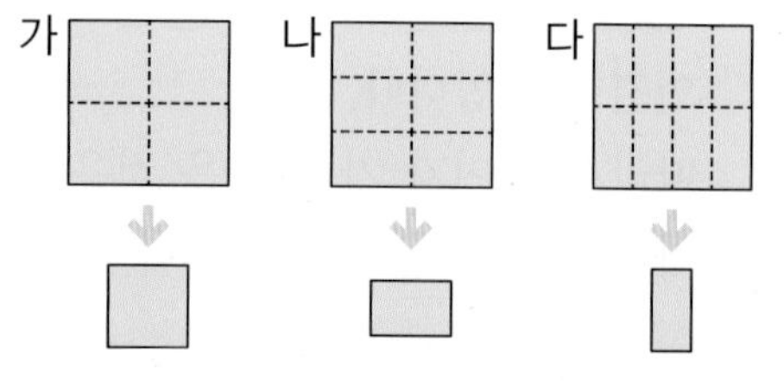

유형 12 사과 1개의 무게는 귤 2개의 무게와 같으므로 사과가 귤보다 무겁고, 귤 1개의 무게는 딸기 5개의 무게와 같으므로 귤이 딸기보다 더 무겁습니다.
따라서 무거운 과일부터 차례대로 쓰면 사과, 귤, 딸기입니다.

12-1 벽돌 1개의 무게는 야구공 4개의 무게와 같고, 볼링공 1개의 무게는 야구공 6개의 무게와 같으므로 볼링공이 벽돌보다 더 무겁습니다.
따라서 무거운 물건부터 차례대로 쓰면 볼링공, 벽돌, 야구공입니다.

12-2 ㉯ 구슬 1개의 무게는 ㉰ 구슬 2개의 무게와 같고, ㉮ 구슬 1개의 무게는 ㉯ 구슬 4개의 무게와 같습니다.
오른쪽 저울에서 ㉯ 구슬 1개 대신에 ㉰ 구슬 2개로 바꾸어 보면 ㉮ 구슬 1개의 무게는 ㉰ 구슬 8개의 무게와 같습니다.

참고 ㉯＝㉰＋㉰,
㉮＝㉯＋㉯＋㉯＋㉯에서
㉮＝㉰＋㉰＋㉰＋㉰＋㉰＋㉰＋㉰＋㉰
이므로 ㉮ 구슬 1개는 ㉰ 구슬 8개의 무게와 같습니다.

5단원 50까지의 수

86~88쪽 AI가 추천한 단원 평가 1회 

01

○	○	○	○	○
○	○	○	○	○

02 10

03 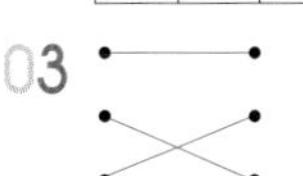

04 30 / 삼십, 서른

05 (위에서부터) 9, 15

06 16, 18

07 45

08 ㉢

09 16개

10 26

11 ㉢, ㉡, ㉣, ㉠

12 (위에서부터) 7 / 6, 9

13 50개

14 풀이 참고, 28개

15 ⑤

16 7명

17 풀이 참고, 6개

18 3

19 24

20 4마리

10 그림이 나타내는 수는 10개씩 묶음 2개와 낱개 7개이므로 27입니다.
따라서 27보다 1만큼 더 작은 수는 26입니다.

11 ㉠ 29 ㉡ 35 ㉢ 40 ㉣ 32
10개씩 묶음의 수를 비교하면 가장 큰 수는 ㉢이고, 가장 작은 수는 ㉠입니다.
㉡과 ㉣은 10개씩 묶음의 수가 3으로 같으므로 낱개의 수를 비교하면 ㉡이 ㉣보다 큽니다.
따라서 큰 수부터 차례대로 기호를 쓰면 ㉢, ㉡, ㉣, ㉠입니다.

13 10개씩 5묶음은 50개이므로 재현이네 가족이 캔 고구마는 모두 50개입니다.

14 예 낱개 18개는 10개씩 묶음 1개와 낱개 8개입니다.」❶
따라서 윤지가 가지고 있는 사탕의 수는 10개씩 묶음 1+1=2(개)와 낱개 8개이므로 모두 28개입니다.」❷

채점 기준

❶ 낱개 18개를 10개씩 묶음의 수와 낱개의 수로 나타내기	2점
❷ 윤지가 가지고 있는 사탕의 수 구하기	3점

15 순서를 거꾸로 하여 차례대로 빈칸을 채웁니다.

(㉠: 36, ㉡: 35, ㉢: 24, ㉣: 20, ㉤: 17)

40	39	38	37	36	35	34	33
32	31	30	29	28	27	26	25
24	23	22	21	20	19	18	17

따라서 잘못 짝 지은 것은 ⑤입니다.

16 19부터 27까지 순서대로 수를 써 보면
19, 20, 21, 22, 23, 24, 25, 26, 27입니다.
따라서 19와 27 사이에 있는 수는
20, 21, 22, 23, 24, 25, 26이므로 지원이와 효진이 사이에 서 있는 학생은 모두 7명입니다.

17 예 10개씩 묶음 3개와 낱개 4개인 수는 34입니다.」❶
30부터 40까지의 수 중에서 34보다 큰 수는 34 다음의 수이므로 35, 36, 37, 38, 39, 40으로 모두 6개입니다.」❷

채점 기준

❶ 10개씩 묶음 3개와 낱개 4개인 수 구하기	2점
❷ 30부터 40까지의 수 중에서 34보다 큰 수의 개수 구하기	3점

18 • 15는 8과 7로 가르기 할 수 있으므로 ㉠=7입니다.
• 12는 8과 4로 가르기 할 수 있으므로 ㉡=4입니다.
따라서 ㉠과 ㉡에 알맞은 수의 차는
7−4=3입니다.

19 가장 작은 수를 만들려면 10개씩 묶음의 수에 가장 작은 수인 2를 놓고, 낱개의 수에 둘째로 작은 수인 4를 놓아야 합니다.
따라서 만들 수 있는 수 중에서 가장 작은 수는 24입니다.

20 10은 8보다 2만큼 더 큰 수이므로 오징어의 다리 수는 문어의 다리 수보다 2개 더 많습니다.
오징어와 문어가 2마리씩 있을 때 오징어의 다리 수는 문어의 다리 수보다 2+2=4(개) 더 많고, 3마리씩 있을 때 2+2+2=6(개) 더 많고, 4마리씩 있을 때 2+2+2+2=8(개) 더 많습니다.
따라서 오징어는 4마리 있습니다.

89~91쪽 AI가 추천한 단원 평가 2회

01 (　　)(　　)(○)
02 사십, 마흔　03 19 / 십구, 열아홉
04 34, 35　05 7, 3 / 10
06 (위에서부터) 7, 3, 40
07 작습니다 / 큽니다
08

09 2장　10 풀이 참고, 23개
11 8, 7　12 5개　13 지훈
14 21　15 6　16 20, 21, 22
17 풀이 참고, 8개　18 9자루
19 26, 34　20 19

10 예 사탕을 10개씩 묶어 봅니다.

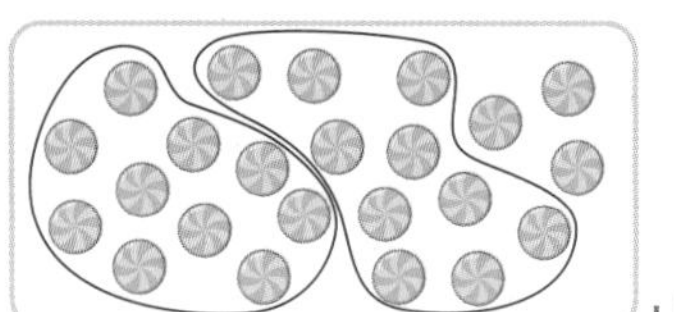

」❶

따라서 10개씩 묶음 2개와 낱개 3개이므로 사탕은 모두 23개입니다.」❷

채점 기준

❶ 사탕을 10개씩 묶기	2점
❷ 사탕이 모두 몇 개인지 구하기	3점

12 10개씩 묶음 2개와 낱개 5개인 수는 25입니다. 따라서 25보다 큰 수는 43, 36, 42, 29, 50으로 모두 5개입니다.

13 유주가 만든 쿠키는 24개입니다.
낱개 15개는 10개씩 묶음 1개와 낱개 5개이므로 지훈이가 만든 쿠키는 10개씩 묶음 $1+1=2$(개)와 낱개 5개로 모두 25개입니다.
따라서 25가 24보다 큰 수이므로 쿠키를 더 많이 만든 사람은 지훈이입니다.

14 19보다 1만큼 더 큰 수는 20입니다. 따라서 어떤 수보다 1만큼 더 작은 수가 20이므로 어떤 수는 20보다 1만큼 더 큰 수인 21입니다.

15

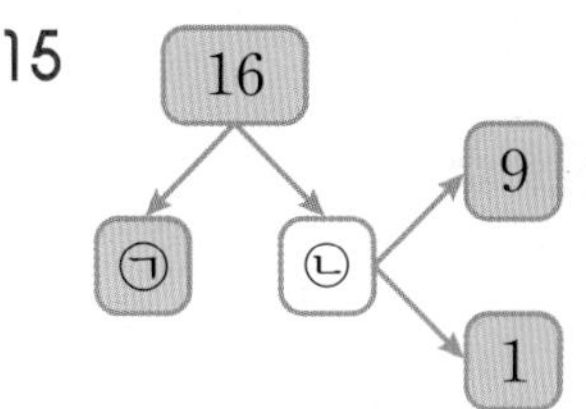

• 9와 1을 모으면 10이 되므로 ㉡에 알맞은 수는 10입니다.
• 16은 6과 10으로 가르기 할 수 있으므로 ㉠에 알맞은 수는 6입니다.

16 □는 19보다 크고 23보다 작은 수입니다.
19부터 23까지의 수를 차례대로 써 보면 19, 20, 21, 22, 23이므로 19보다 크고 23보다 작은 수는 20, 21, 22입니다.

17 예 사탕 42개를 10개씩 묶으면 4묶음이고 낱개가 2개이므로 4봉지를 만들 수 있고 2개가 남습니다.」❶
2와 모으기 하여 10이 되는 수는 8이므로 사탕이 적어도 8개 더 있으면 모두 5봉지를 만들 수 있습니다.」❷

채점 기준

❶ 사탕 42개를 10개씩 묶음과 낱개의 수로 나타내기	2점
❷ 더 필요한 사탕의 수 구하기	3점

18 태상이와 연수가 연필 14자루를 남김없이 나누어 가지는 방법은 다음과 같습니다.

태상	1	2	3	4	5	6	7	8	9	10	11	12	13
연수	13	12	11	10	9	8	7	6	5	4	3	2	1

따라서 태상이가 연수보다 4자루 더 많이 가지려면 $9-5=4$이므로 태상이는 연필을 9자루 가져야 합니다.

19 ⑭ 15 16 17 ⑱ 19 20 21 ㉒

14, 18, 22……로 4씩 커지는 규칙입니다.
따라서 22보다 4만큼 더 큰 수는 26이고, 30보다 4만큼 더 큰 수는 34입니다.

20 15와 20 사이에 있는 수는 16, 17, 18, 19입니다. 이 수들의 10개씩 묶음의 수와 낱개의 수를 모으면 각각 7, 8, 9, 10이 됩니다.
따라서 조건에 맞는 수는 19입니다.

92~94쪽 AI가 추천한 단원 평가 3회

01 열　02 10
03 서른, 마흔, 쉰
04 (위에서부터) 13, 16 /
05 (위에서부터) 4, 2 / 14, 22
06 22, 14　07 37, 39　08 17개
09 44　10 21　11 ㉢
12 45개　13 ㉢
14 풀이 참고, 20층
15 풀이 참고, 4개　16 18, 26
17 6가지　18 4, 5　19 43, 12
20 2

08 사탕 8개와 과자 9개를 모으기 하면 사탕과 과자는 모두 17개입니다.

09 마흔넷은 44이고, 서른일곱은 37입니다.
44와 37 중에서 10개씩 묶음의 수가 더 큰 것은 44이므로 더 큰 수는 44입니다.

10 순서를 거꾸로 하여 차례대로 쓰면
25, 24, 23, 22, 21이므로 ㉠에 알맞은 수는 21입니다.

11 ㉢ 18은 12와 6으로 가르기 하거나 11과 7로 가르기 할 수 있습니다.

12 밤은 10개씩 4봉지와 낱개 5개이므로 모두 45개입니다.

13 ㉠ 29, ㉡ 30, ㉢ 31이고, 10개씩 묶음의 수가 클수록 큰 수이므로 가장 작은 수는 ㉠입니다.
10개씩 묶음의 수가 같으면 낱개의 수가 클수록 큰 수이므로 가장 큰 수는 ㉢입니다.

14 예 20과 22 사이의 수는 21이므로 소민이네 집은 21층입니다.」 ❶
따라서 21보다 1만큼 더 작은 수는 20이므로 20층에서 내려야 합니다.」 ❷

채점 기준

❶ 소민이네 집이 몇 층인지 구하기	2점
❷ 상하네 집에 가려면 몇 층에서 내려야 하는지 구하기	3점

15 예 보기의 모양을 만드는 데 사용한 블록은 모두 10개입니다.」 ❶
주어진 블록의 수를 10개씩 묶어서 세어 보면 4묶음이므로 보기의 모양을 4개 만들 수 있습니다.」 ❷

채점 기준

❶ 보기의 모양을 만드는 데 사용한 블록의 개수 구하기	2점
❷ 주어진 블록으로 보기의 모양을 몇 개 만들 수 있는지 구하기	3점

16 22의 앞뒤로 수를 순서대로 써 봅니다.
…… 17 (18) 19 20 21 (22) 23 24 25 (26) 27 ……
└3개┘ └3개┘
따라서 ㉠이 될 수 있는 수는 18과 26입니다.

17 서은이와 언니가 딸기 13개를 남김없이 나누어 먹는 방법은 다음과 같습니다.

서은	1	2	3	4	5	6	7	8	9	10	11	12
언니	12	11	10	9	8	7	6	5	4	3	2	1

따라서 서은이가 언니보다 더 적게 먹는 경우는 모두 6가지입니다.

18 1□, 13, 16은 10개씩 묶음의 수가 모두 1로 같으므로 낱개의 수를 비교하면 □ 안에는 3보다 크고 6보다 작은 수가 들어갈 수 있습니다.
따라서 □ 안에 들어갈 수 있는 수는 4, 5입니다.

19 • 가장 큰 수를 만들려면 10개씩 묶음의 수에 가장 큰 수인 4를 놓고, 낱개의 수에 둘째로 큰 수인 3을 놓아야 하므로 43입니다.
• 가장 작은 수를 만들려면 10개씩 묶음의 수에 가장 작은 수인 1을 놓고, 낱개의 수에 둘째로 작은 수인 2를 놓아야 하므로 12입니다.

20 ▲와 ●를 모으면 6이 되므로 10은 ▲와 6으로 가르기 할 수 있습니다.
이때 6과 모으기 하여 10이 되는 수는 4이므로 ▲에 알맞은 수는 4입니다.
따라서 ●에 알맞은 수는 4와 모으기 하여 6이 되는 수이므로 2입니다.

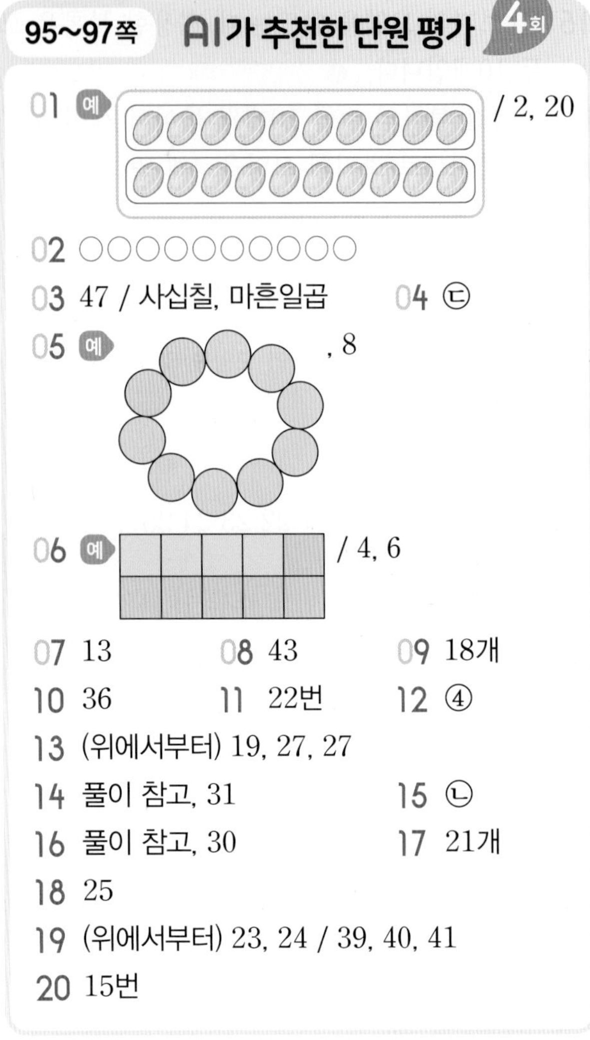

95~97쪽 AI가 추천한 단원 평가 4회

01 예 / 2, 20

02 ○○○○○○○○○○

03 47 / 사십칠, 마흔일곱　04 ㉢

05 예 , 8

06 예 / 4, 6

07 13　08 43　09 18개

10 36　11 22번　12 ④

13 (위에서부터) 19, 27, 27

14 풀이 참고, 31　15 ㉡

16 풀이 참고, 30　17 21개

18 25

19 (위에서부터) 23, 24 / 39, 40, 41

20 15번

08 숫자 4가 40을 나타내는 수는 10개씩 묶음의 수가 4인 수이므로 43입니다.

12 5와 9, 7과 7, 8과 6, 6과 8을 모으면 14가 되고, 9와 4를 모으면 13이 됩니다.

14 예 낱개 12개는 10개씩 묶음 1개와 낱개 2개이므로 주어진 수는 10개씩 묶음 2+1=3(개)와 낱개 2개인 수로 32입니다.」❶
따라서 주어진 수보다 1만큼 더 작은 수는 31입니다.」❷

채점 기준

❶ 주어진 수 구하기	2점
❷ 주어진 수보다 1만큼 더 작은 수 구하기	3점

15 • 9와 7을 모으면 16이 되므로 ㉠에 알맞은 수는 9입니다.
• 6과 12를 모으면 18이 되므로 ㉡에 알맞은 수는 12입니다.
따라서 ㉠과 ㉡ 중에서 더 큰 수는 ㉡입니다.

16 예 28보다 1만큼 더 큰 수는 29입니다.」❶
□보다 1만큼 더 작은 수가 29이므로 □는 29보다 1만큼 더 큰 수입니다.
따라서 □ 안에 알맞은 수는 30입니다.」❷

채점 기준

❶ 28보다 1만큼 더 큰 수 구하기	2점
❷ □ 안에 알맞은 수 구하기	3점

참고 □ → 1만큼 더 작은 수 → 29, 29 → 1만큼 더 큰 수 → □

17 빵을 4개 먹고 남은 빵은 10개씩 묶음 2개와 낱개 5−4=1(개)입니다.
따라서 남은 빵은 21개입니다.

18 수빈이가 가진 수 카드의 수는 18보다 크고 33보다 작으므로 10개씩 묶음의 수는 1, 2, 3 중에서 하나입니다.
10개씩 묶음의 수가 1이면 15가 되어 18보다 작고, 10개씩 묶음의 수가 3이면 35가 되어 33보다 크므로 수빈이가 가진 수 카드의 수는 10개씩 묶음의 수가 2인 25입니다.

19 오른쪽으로 1칸 갈 때마다 1씩 커지고, 아래쪽으로 1칸 내려갈 때마다 7씩 커집니다.

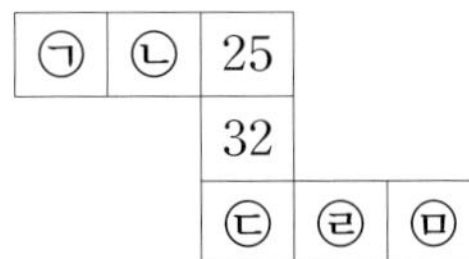

㉡은 25보다 1만큼 더 작은 수이므로 24, ㉠은 24보다 1만큼 더 작은 수이므로 23입니다.
㉢은 32보다 7만큼 더 큰 수이므로 39이고, ㉣은 39보다 1만큼 더 큰 수이므로 40, ㉤은 40보다 1만큼 더 큰 수이므로 41입니다.

20 1부터 50까지의 수를 한 번씩 모두 썼을 때 낱개의 수가 2인 경우는 2, 12, 22, 32, 42로 5개이고, 10개씩 묶음의 수가 2인 경우는 20, 21, 22, 23, 24, 25, 26, 27, 28, 29로 10개입니다.
따라서 숫자 2는 모두 15번 쓰게 됩니다.
참고 22는 2를 두 번 쓴 것이므로 2번 세어야 합니다.

98~103쪽 **틀린 유형 다시 보기**

유형 1 4개	1-1 3개	1-2 8개
1-3 7장	유형 2 14개	2-1 17개
2-2 15개	2-3 29개	유형 3 ㉠
3-1 ㉢	3-2 ㉢	
3-3 ㉢, ㉠, ㉡		유형 4 민서
4-1 채아	4-2 다솜	4-3 파란색
유형 5 19, 25, 31		
5-1 (위에서부터) 31 / 35, 36 / 39 / 46, 48		
5-2 (위에서부터) 25, 29 / 48, 44 / 37, 33		
유형 6 8, 15	6-1 9, 15	6-2 16
6-3 13	유형 7 8명	7-1 7명
7-2 4명	7-3 3명	유형 8 8개
8-1 8개	8-2 6가지	8-3 7가지
유형 9 15개	9-1 30개	9-2 31개
9-3 6권	유형 10 0, 1, 2	10-1 4개
10-2 3개	유형 11 23	11-1 43
11-2 3개	유형 12 11	12-1 30, 41
12-2 13, 22, 31		

유형 1 판에 들어 있는 달걀은 6개입니다.
6과 모으기 하여 10이 되는 수는 4이므로 판에 달걀을 4개 더 담아야 합니다.

1-1 상자에 들어 있는 사과는 7개입니다.
7과 모으기 하여 10이 되는 수는 3이므로 상자에 사과를 3개 더 담아야 합니다.

1-2 봉지에 들어 있는 귤은 2개입니다.
2와 모으기 하여 10이 되는 수는 8이므로 봉지에 귤을 8개 더 담아야 합니다.

1-3 3과 모으기 하여 10이 되는 수는 7이므로 지아는 색종이 7장이 더 필요합니다.

유형 2 블록을 10개씩 묶어서 세어 보면 10개씩 묶음 1개와 낱개 4개입니다.
따라서 사용한 블록은 모두 14개입니다.

2-1 블록을 10개씩 묶어서 세어 보면 10개씩 묶음 1개와 낱개 7개입니다.
따라서 사용한 블록은 모두 17개입니다.

2-2 연결 모형을 10개씩 묶어서 세어 보면 10개씩 묶음 1개와 낱개 5개입니다.
따라서 사용한 연결 모형은 모두 15개입니다.

2-3 연결 모형을 10개씩 묶어서 세어 보면 10개씩 묶음 2개와 낱개 9개입니다.
따라서 사용한 연결 모형은 모두 29개입니다.

유형 3 ㉠ 27, ㉡ 29, ㉢ 28이고, 10개씩 묶음의 수가 같으므로 낱개의 수가 작을수록 작은 수입니다. 따라서 가장 작은 수는 ㉠입니다.

3-1 ㉠ 47, ㉡ 48, ㉢ 50이고, 10개씩 묶음의 수가 클수록 큰 수이므로 가장 큰 수는 ㉢입니다.

3-2 ㉠ 41, ㉡ 40, ㉢ 42이고, 10개씩 묶음의 수가 같으므로 낱개의 수가 클수록 큰 수입니다. 따라서 가장 큰 수는 ㉢입니다.

3-3 ㉠ 30, ㉡ 29, ㉢ 31이고, 10개씩 묶음의 수가 작을수록 작은 수이므로 가장 작은 수는 ㉡입니다.
10개씩 묶음의 수가 같으면 낱개의 수가 클수록 큰 수이므로 큰 수부터 차례대로 기호를 쓰면 ㉢, ㉠, ㉡입니다.

유형 4 낱개 12자루는 10자루씩 묶음 1개와 낱개 2자루이므로 민서가 가지고 있는 연필은 10자루씩 묶음 $3+1=4$(개)와 낱개 2자루로 모두 42자루입니다.
42가 41보다 크므로 연필을 더 많이 가지고 있는 사람은 민서입니다.

4-1 채아가 접은 종이학은 21개이고, 수현이가 접은 종이학은 19개입니다.
21이 19보다 크므로 종이학을 더 많이 접은 사람은 채아입니다.

4-2 다솜이가 가진 구슬은 29개입니다.
31보다 1만큼 더 작은 수는 30이므로 태산이가 가진 구슬은 30개입니다.
따라서 29가 30보다 작으므로 구슬을 더 적게 가지고 있는 사람은 다솜이입니다.

4-3 빨간색 볼펜은 28자루, 파란색 볼펜은 27자루, 검은색 볼펜은 30자루 가지고 있습니다. 따라서 가장 적게 가지고 있는 볼펜은 파란색 볼펜입니다.

유형 5 15부터 화살표 방향으로 1씩 커집니다.

15	20	21	26	27	32
16	19	22	25	28	31
17	18	23	24	29	30

5-1 27부터 화살표 방향으로 1씩 커집니다.

27	28	29	30	31	32
33	34	35	36	37	38
39	40	41	42	43	44
45	46	47	48	49	50

5-2 1부터 화살표 방향으로 1씩 커집니다.

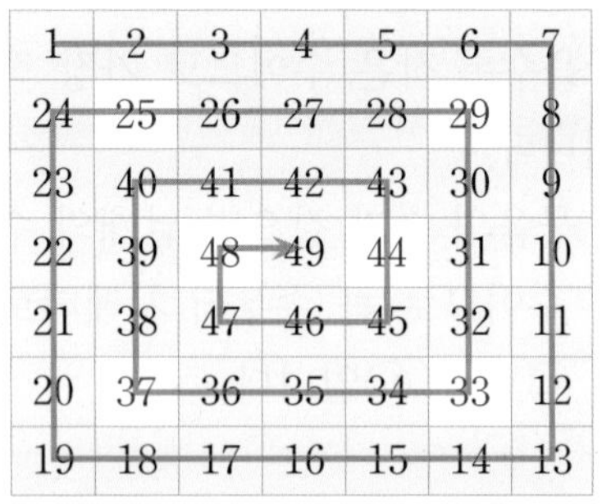

1	2	3	4	5	6	7
24	25	26	27	28	29	8
23	40	41	42	43	30	9
22	39	48	49	44	31	10
21	38	47	46	45	32	11
20	37	36	35	34	33	12
19	18	17	16	15	14	13

유형 6 5와 3을 모으면 8이 되고, 8과 7을 모으면 15가 됩니다.

6-1 6과 3을 모으면 9가 되고, 9와 6을 모으면 15가 됩니다.

6-2

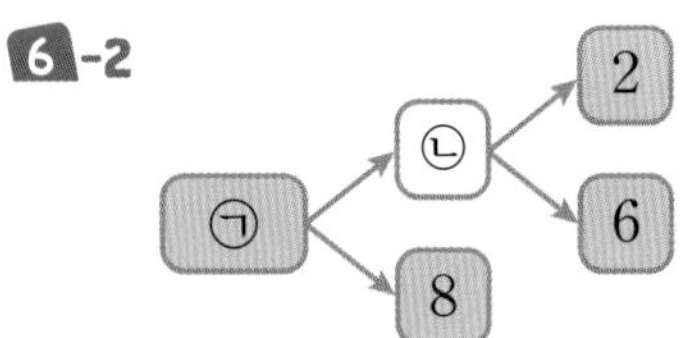

2와 6을 모으면 8이 되므로 ㉡에 알맞은 수는 8입니다.
따라서 8과 8을 모으면 16이 되므로 ㉠에 알맞은 수는 16입니다.

6-3

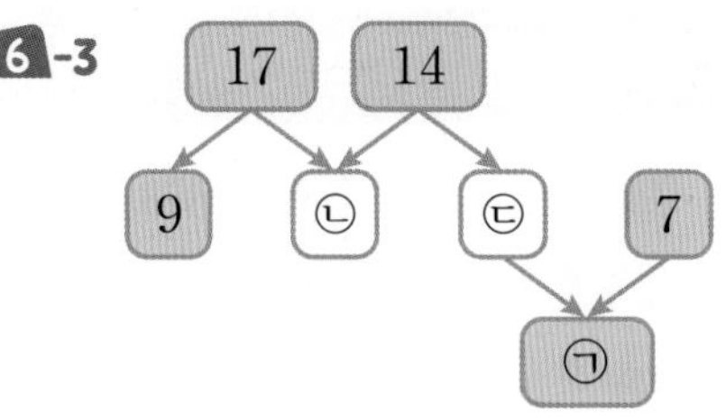

17은 9와 8로 가르기 할 수 있으므로 ㉡에 알맞은 수는 8이고, 14는 8과 6으로 가르기 할 수 있으므로 ㉢에 알맞은 수는 6입니다. 따라서 6과 7을 모으면 13이 되므로 ㉠에 알맞은 수는 13입니다.

유형 7 27과 36 사이에 있는 수는
28, 29, 30, 31, 32, 33, 34, 35이므로 지유와 태서 사이에는 8명이 서 있습니다.

7-1 15와 23 사이에 있는 수는
16, 17, 18, 19, 20, 21, 22이므로 15번과 23번 사이에는 7명이 앉아 있습니다.

7-2 준우는 뒤에서 셋째에 서 있으므로 앞에서 19째에 서 있습니다. 14와 19 사이에 있는 수는 15, 16, 17, 18이므로 기형이와 준우 사이에는 4명이 서 있습니다.

7-3 수민이는 뒤에서 다섯째에 서 있으므로 앞에서 13째에 서 있습니다. 9와 13 사이에 있는 수는 10, 11, 12이므로 태은이와 수민이 사이에는 3명이 서 있습니다.

유형 8 다은이와 동생이 과자 13개를 남김없이 나누어 먹는 방법은 다음과 같습니다.

다은	1	2	3	4	5	6	7	8	9	10	11	12
동생	12	11	10	9	8	7	6	5	4	3	2	1

따라서 다은이가 동생보다 3개 더 많이 먹으려면 8－5＝3이므로 다은이는 과자를 8개 먹어야 합니다.

8-1 예린이와 지호가 풍선 16개를 남김없이 나누어 가지는 방법은 다음과 같습니다.

예린	1	2	3	4	5	6	7	8	9	10	11	12	13	14	15
지호	15	14	13	12	11	10	9	8	7	6	5	4	3	2	1

따라서 예린이와 지호가 똑같이 나누어 가지려면 한 사람이 풍선을 8개씩 가져야 합니다.

8-2 태주와 소미가 공책 14권을 남김없이 나누어 가지는 방법은 다음과 같습니다.

태주	1	2	3	4	5	6	7	8	9	10	11	12	13
소미	13	12	11	10	9	8	7	6	5	4	3	2	1

따라서 태주가 소미보다 공책을 더 많이 가지도록 나누는 방법은 모두 6가지입니다.

8-3 승호와 예나가 사탕 15개를 남김없이 나누어 가지는 방법은 다음과 같습니다.

승호	1	2	3	4	5	6	7	8	9	10	11	12	13	14
예나	14	13	12	11	10	9	8	7	6	5	4	3	2	1

따라서 승호가 예나보다 사탕을 더 많이 가지도록 나누는 방법은 모두 7가지입니다.

유형 9 초콜릿 2봉지를 친구들에게 나누어 주고 남은 초콜릿은 10개씩 들어 있는 초콜릿 $3-2=1$(봉지)와 낱개 5개입니다.
따라서 남은 초콜릿은 15개입니다.

9-1 배 2상자를 팔고 남은 배는 10개씩 들어 있는 배 $5-2=3$(상자)입니다.
따라서 남은 배는 30개입니다.

9-2 머리끈 6개를 동생에게 주고 남은 머리끈은 10개씩 3봉지와 낱개 $7-6=1$(개)입니다.
따라서 남은 머리끈은 31개입니다.

9-3 마흔여섯 권은 46권이고, 46권은 10권씩 묶음 4개와 낱개 6권입니다.
따라서 한 상자에 10권씩 넣으면 모두 4상자가 되고 6권이 남습니다.

유형 10 1□와 13은 10개씩 묶음의 수가 1로 같으므로 낱개의 수를 비교하면 □ 안에는 3보다 작은 수가 들어가야 합니다.
따라서 □ 안에 들어갈 수 있는 수는 0, 1, 2입니다.

10-1 48과 □0의 낱개의 수를 비교하면 8이 0보다 크므로 48이 □0보다 크려면 □ 안에는 1, 2, 3, 4가 들어갈 수 있습니다.
따라서 □ 안에 들어갈 수 있는 수는 모두 4개입니다.

10-2 3□, 34, 38은 10개씩 묶음의 수가 3으로 같으므로 낱개의 수를 비교하면 □ 안에는 4보다 크고 8보다 작은 수가 들어갈 수 있습니다.
따라서 □ 안에 들어갈 수 있는 수는 5, 6, 7로 모두 3개입니다.

유형 11 가장 작은 수를 만들려면 10개씩 묶음의 수에 가장 작은 수인 2를 놓고, 낱개의 수에 둘째로 작은 수인 3을 놓아야 합니다.
따라서 만들 수 있는 수 중에서 가장 작은 수는 23입니다.

11-1 가장 큰 수를 만들려면 10개씩 묶음의 수에 가장 큰 수인 4를 놓고, 낱개의 수에 둘째로 큰 수인 3을 놓아야 합니다.
따라서 만들 수 있는 수 중에서 가장 큰 수는 43입니다.

11-2 20보다 크고 30보다 작은 수는 10개씩 묶음의 수가 2입니다.
따라서 만들 수 있는 수는 21, 23, 24로 모두 3개입니다.

유형 12 10과 20 사이에 있는 수는 10개씩 묶음의 수가 1입니다.
10개씩 묶음의 수와 낱개의 수를 바꾸어도 같은 수이므로 낱개의 수도 1입니다.
따라서 조건에 맞는 수는 11입니다.

12-1 27과 42 사이에 있는 수는
28, 29, 30 …… 40, 41입니다.
이 중에서 10개의 묶음의 수가 낱개의 수보다 큰 수는 30, 31, 32, 40, 41입니다.
따라서 조건에 맞는 가장 작은 수는 30이고, 가장 큰 수는 41입니다.

12-2 10개씩 묶음의 수와 낱개의 수의 합이 4인 경우는 0과 4, 1과 3, 2와 2, 3과 1, 4와 0입니다.
이 중에서 10개씩 묶음의 수가 있고, 낱개의 수가 0이 아닌 수는 13, 22, 31입니다.

MEMO

아이스크림
더 실전